环保进行时丛书

不可再生的资源

BU KE ZAISHENG DE ZIYUAN

U0352545

主编：张海君

花山文艺出版社

河北·石家庄

图书在版编目（CIP）数据

不可再生的资源 / 张海君主编. —石家庄 ：花山
文艺出版社，2013.4（2022.3重印）
（环保进行时丛书）
ISBN 978-7-5511-0945-1

Ⅰ.①不⋯　Ⅱ.①张⋯　Ⅲ.①资源保护－青年读物②
资源保护－少年读物　Ⅳ.①X37-49

中国版本图书馆CIP数据核字(2013)第087051号

丛 书 名：环保进行时丛书
书　　名：不可再生的资源
主　　编：张海君
责任编辑：梁东方
封面设计：慧敏书装
美术编辑：胡彤亮
出版发行：花山文艺出版社（邮政编码：050061）
　　　　　（河北省石家庄市友谊北大街 330号）
销售热线：0311-88643221
传　　真：0311-88643234
印　　刷：北京一鑫印务有限责任公司
经　　销：新华书店
开　　本：880×1230　1/16
印　　张：10
字　　数：160千字
版　　次：2013年5月第1版
　　　　　2022年3月第2次印刷
书　　号：ISBN 978-7-5511-0945-1
定　　价：38.00元

目　录

目

录

第五章　新时代的引擎——水能

第六章　新时代的引擎——核能

目
录

不
可
再
生
的
资
源

第一章

绿色未来，低碳又节能

一、新式低碳能源

地球上有很多低碳能源可供人类使用以及等待人类去发现，比如氢能、地热能、可燃冰等等。

氢能

氢在我们的化学书上是一种元素，用"H"来表示。氢也可以是一种物质，气态的氢就是氢气(H_2)。小时候把气球里面装满氢气，气球就可以飘到天上去，因为氢气很轻。把气态的氢加压，就会液化成液态氢，当然如果条件够的话，也可以变成固态的。不过，在我们生活的自然界里，它是气态的。那么这种氢怎么就成了能源了呢？

上了化学课我们就会知道，氢有这样的特点：可以燃烧，而且与氧气燃烧后主要生成物是水，且燃烧后产生的热量很高。实验表明，每千克氢燃烧后的热量约为汽油的3倍，酒精的3.9倍，焦炭的4.5倍。看看之前我们介绍的新能源以及现在的3大能源，无论是煤、石油、天然气还是生物质等都采用了燃烧作为主要的方式来实现能源转换，那么氢这么好的燃烧特性当然是我们关注的对象了。

作为燃料，氢相对之前提到的燃料还有它独特的优势：与其他燃料相比氢燃烧时最清洁，除生成水和少量氮化氢外不会产生诸如一氧化碳、二氧化碳、碳氢化合物、铅化物和粉尘颗粒等对环境有害的污染物质，少量的氮化氢经过适当处理也不会污染环境，且燃烧生成的水还可继续制氢，

不可再生的资源

反复循环使用。氢燃烧的产物水无腐蚀性，对设备无损；使用氢燃料还可以去除内燃机噪声源和能源污染隐患，利用率高；氢减轻燃料自重，可增加运载工具有效荷载，降低运输成本，从全程效益考虑社会总效益优于其他能源。

原来氢这么有用，为什么没有早拿来用呢？其实自然界中不存在纯氢，它只能从其他化学物质中分解、分离得到，也就是需要技术加工，这就需要投入额外的能源和资金，往往可能投入大于回报，所以，在很早之前，氢就被用于一些高科技领域了。

1928年，德国齐柏林公司就利用氢的巨大浮力，制造了世界上第一艘"LZ—127齐柏林"号飞艇，首次把人们从德国运送到南美洲，实现了空中飞渡大西洋的航程。1957年苏联宇航员加加林乘坐人造地球卫星遨游太空，1963年美国的宇宙飞船上天，紧接着的1968年阿波罗号飞船实现了人

飞艇

类首次登上月球的创举，这些太空探索的成功都离不开高效的氢燃料。我国"两弹一星"中的液氢液氧研究，也是早期对氢能的利用。

随着能源危机的出现，对燃料环保度的要求以及科学技术的高度发展，制氢、用氢不再只是高科技行业的专利，有效地开发利用氢能，建立可持续发展的氢经济已经被各国提到了日程上。

地热能

地热是来自地球深处的可再生热能，它起源于地球的熔融岩浆和放射性物质的衰变。

有些地方，热能随自然涌出的热蒸汽和水到达地面，自古以来它们就已被用

地热能

于洗浴和蒸煮。运用地热能最简单和最合乎成本效益的方法，就是直接取用这些热源，并转换成其他能量。

按照其储存形式，地热资源可分为蒸汽型、热水型、地压型、干热岩型和熔岩型5大类。

地热能的利用可分为地热发电和直接利用两大类，而对于不同温度的地热流体可能利用的范围如下：

①200～400℃直接发电及综合利用；

②150～200℃双循环发电，制冷，工业干燥，工业热加工；

③100～150℃双循环发电，供暖，制冷，工业干燥，脱水加工，回收盐类，罐头食品；

④50～100℃供暖，温室，家庭用热水，工业干燥；

⑤20～50℃沐浴，水产养殖，饲养牲畜，土壤加温，脱水加工。

人类很早以前就开始利用地热能，例如利用温泉沐浴、医疗，利用地下热水取暖、建造农作物温室、水产养殖及烘干谷物等。但真正认识地热资源，并进行较大规模的开发利用却是始于20世纪中叶。

可燃冰

可燃冰的学名叫"天然气水合物"，是一种白色固体物质，外形像冰，有极强的燃烧力，可作为上等能源。它主要由水分子和烃类气体分子(主要是甲烷)组成，所以也称它为甲烷水合物。天然气水合物是在一定条件(合适的温度、压力、气体饱和度、水的盐度、pH值等)下，由气体或挥发性液体在与水相互作用过程中形成的白色固态结晶物质。一旦温度升高或压力降低，甲烷气则会逸出，固体水合物便趋于崩解。1立方米的可燃冰可在常温常压下释放164立方米的天然气及0.8立方米的淡水。固体状的天然气水合物往往分布于水深大于300米以上的海底沉积物或寒冷的永久冻土中。海底天然气水合物依赖巨厚水层的压力来维持其固体状态，其分布可以从海底到海底之下1000米的范围以内，再往深处则由于地温升高其固体状态遭到破坏而难以存在。

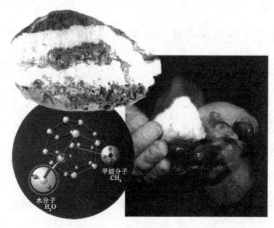

甲烷分子
CH₄

水分子
H₂O

可燃冰

可燃冰被西方学者称为"21世纪能源"或"未来

新能源"。迄今为止，在世界各地的海洋及大陆地层中，已探明的"可燃冰"储量已相当于全球传统化石能源(煤、石油、天然气、油页岩等)储量的两倍以上，其中海底可燃冰的储量够人类使用1000年。现已发现海底天然气水合物主要分布区是大西洋海域的墨西哥湾、加勒比海、南美东部陆缘、非洲西部陆缘和美国东海岸外的布莱克海台等，西太平洋海域的白令海、鄂霍茨克海、千岛海沟、冲绳海槽、日本海、四国海槽、日本南海海槽、苏拉威西海和新西兰北部海域等，东太平洋海域的中美洲海槽、加利福尼亚滨外和秘鲁海槽等，印度洋的阿曼海湾，南极的罗斯海和威德尔海，北极的巴伦支海和波弗特海，以及大陆内的黑海与里海等。

天然气水合物在给人类带来新的能源前景的同时，对人类生存环境也提出了严峻的挑战。天然气水合物中的甲烷，其温室效应为CO_2的20倍。温室效应造成的异常气候和海面上升正威胁着人类的生存。全球海底天然气水合物中的甲烷总量约为地球大气中甲烷总量的3000倍，若有不慎，让海底天然气水合物中的甲烷气逃逸到大气中去，将产生无法想象的后果。而且固结在海底沉积物中的水合物，一旦条件变化使甲烷气从水合物中释出，还会改变沉积物的物理性质，极大地降低海底沉积物的工程力学特性，使海底软化，出现大规模的海底滑坡，毁坏海底工程设施，如：海底输电或通讯电缆和海洋石油钻井平台等。陆缘海边的可燃冰开采起来十分困难，一旦出了井喷事故，就会造成海啸、海底滑坡、海水毒化等灾害。由此可见，可燃冰在作为未来新能源的同时，也是一种危险的能源。可燃冰的开发利用就像一柄双刃剑，需要谨慎利用。

碳基能源时代已经接近尾声，低碳能源时代正在步入我们的生活。但只靠低碳能源还是不够的，还需要节能减排的技术提升以及我们在生活当中做到人人节能减排，做一名低碳新公民。

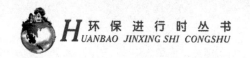

不可再生的资源

二、要低碳，更要节能

应对能源危机让我们进入了一个崭新的能源时代，科技含量较高的各类新能源成了这个时代的代表。但是，从新能源的介绍中可以看到，在新能源的发展道路上还有许多有待改进的地方，比如粮食安全，核安全，新能源转换的技术、效率等问题，所以新能源并不意味着一劳永逸。

任何一个精明的人都知道，如果想让自己存折里面的钱越来越多，就要从两个方面入手，一个是"开源"，一个是"节流"。新能源就是缓解能源危机"开源"的结果，然而"节流"的重要作用也是不能忽视的。做好能源的节约工作，在目前并不明朗的新能源结构下就显得尤其重要。

随着人们生活水平的不断提高，每一个人每天消耗的能源也越来越多。一个很明显的现象是，在20世纪中叶，也就是我们祖辈的年代，他们每天晚上大多9点就入睡了，而现在有许多人都在晚上十一二点入睡，有的甚至通宵不睡，不说别的，就消耗的电能就比过去多得多。大城市的晚上灯火通明，无数的娱乐设施让这里成了不夜城。再看看家里，原来象征着生活水平的三大件是：手表、自行车、缝纫机。现在呢？无法罗列，家家都有电视机、影碟机、洗衣机、空调、冰箱，甚至让过去的人想都不敢想的汽车也开始普及起来。我们不得不承认，社会越进步，能耗越大，对能源的依赖也越大。

节能从何做起？不要以为节能就是无形中降低我们的生活标准，不开灯、不用电视、不用电脑、不开车……如果那样，社会不如不进步。我们理解的节能应该是在保证生活品质的前提下有效地利用能源。

第一，利用相对较少的能源做同样效果的工作，这属于节能技术方面，比如节能灯、变频技术、节水马桶、节能建筑等。据有关专家介绍，假如全国家庭普遍采用节能光源，一年可节电700多亿千瓦时，国内现有1亿多台冰箱若能全部换成节能型，一年可节电400多亿千瓦时。两者相加，可省下一个多三峡电站的发电量，所以国家大力推广节能灯。节能的第二层含义就是减少不必要的能源浪费，这属于节能技巧方面。比如选择与自己使用相匹配的汽车、断开电源减少待机耗电、减少使用木筷子、塑料袋等，节能技巧数不胜数，因此树立节能意识，让节能成为一种习惯是目前

电冰箱

我们，尤其是青少年朋友应该具备的一种素质。

第一章 绿色未来，低碳又节能

不可再生的资源

三、节能减排行动

节能减排有广义和狭义之分。广义而言，节能减排是指节约物质资源和能量资源，减少废弃物和对环境有害物的排放；狭义而言，节能减排是指节约能源和减少环境有害物排放。

节约能源需要按照循环经济的基本理念，严格执行"SR"原则。减排主要指减少大气中温室气体的排放，特别是二氧化碳的大量排放。节约化石能源和使用可再生能源是减少二氧化碳排放的两个关键。在节能工作中，区分二氧化碳减排量和碳减排量的差异十分必要。

由于二氧化碳的分子量为44，而碳分子量为12。1吨碳在氧气中燃烧后能产生大约3.67吨二氧化碳的原因也在于此。减排二氧化碳量和碳排放减少量，即减排二氧化碳与减排碳是两个不同的概念，其结果相差是很大的。因此在分析减排量的具体含义时，需要注意二者之间的

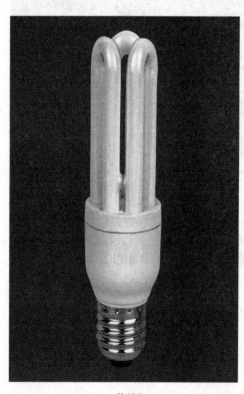

节能灯

转换关系。即减排1吨碳就相当于减排3.67吨二氧化碳。

节能减排与技术革新

节能减排是中国经济社会发展的重要任务，是贯彻落实科学发展观，建设资源节约型、环境友好型社会的必然选择，是推进经济结构调整、转变增长方式的必由之路。

我国对于节能减排与技术革新的指导思想有以下几个：

一是为了节能减排目标的实现，要大力发展高新技术产业，切实加强对高新技术改造与传统产业提升的支撑力度，培育新型产业，加快新型工业化发展的步伐。

二是针对节能减排的科技需求，突破一批具有自主知识产权的关键技术，强化集成创新应用与示范，形成产学研相结合的节能减排创新机制。

三是在强化科技创新支持力度的同时，积极探索有效的管理创新机制，务求实效，切实加强各部门和地方的协同推进，形成上下联动机制，增强科技对节能减排工作的支撑力度。

我国在节能减排工作中，技术革新发挥的作用是逐级推进、分层次有重点的。

基本思路是：推广一批成熟技术，服务重点领域节能减排需求；实施一批示范工程，提供节能减排集成解决方案；攻克一批节能减排关键和共性技术，提升节能减排持续支撑能力；建设一批科技支撑平台，构筑节能减排创新体系；加强节能减排增效的重大基础科学研究；积极推进全民节能减排科技行动。

我国在节能减排关键、共性技术研发，成熟技术推广，示范工程推进，重大基础科学研究等方面取得了重要进展。

节能技术战略的落实

节能减排的关键在于节能技术的创新。加快节能减排技术研发、节能减排技术产业化示范和推广对于节能减排十分重要。

当前，构建以技术保障体系为支撑的节能、高效的生产体系，转变增长方式，已成为适应时代发展的一个重要战略。节能的途径有很多种，涉及很多具体的技术问题。

1.调整产业结构

要调整第二产业，发展第三产业。我国"十五"期间主要资金都投向第二产业，投资占的比例比较大，第二、三产业的投资增速分别为35%和28%；第二产业中，煤炭、油气、铁路、有色采矿等投资增速30%～87%；而在我国的产业结构里，第一产业和第三产业增加的幅度在"十五"期间仅有5.1%和9.4%，而第二产业增加了13.2%，其中工业增加了17.7%，而在这当中重工业占18.5%，钢铁工业增加值仅占GDP的3.1%，而耗能却占15%，所以必须调整产业结构，适当调整第二产业，积极发展第三产业。中国目前处于加速工业化阶段，2006年，耗能高的第二产业在GDP中的比重高达48.7%，而能耗低的第三产业仅占39.5%。同时，将大力发展耗能低的服务业，到2020年，使其在GDP的比重提升至50%左右，淘汰高耗能、高污染的落后企业。

2.开展工业节能

关停高耗能、高污染的落后企业，淘汰落后生产力，改造锅炉、电机等，提高能效，发展循环经济。总而言之，要充分利用能源和资源，尽量少排废物，这样一种生产模式就是循环经济。

3.推行低能耗建筑

我国的单位建筑面积能耗并不比国际水平高，但是北方采暖地区和大型公共建筑的单位面积能耗高于国际水平。

4.交通节能

我国交通运输油耗比先进水平高10%～25%，必须发展新型节能减排汽车；不可把"车多"作为小康标准，应从政策上限制豪华车的生产和销售。必须限制汽车总量。我们要发展小排量车，而且是低排污的车，包括电动汽车、混合动力汽车、燃料电池汽车等多种新能源汽车。

5.照明节能

推广节能灯、LED等，加快LED外延、芯片、封装技术的国产化、市场化。半导体照明工程将为节能做出革命性的贡献。如果都改用节能照明，一年就可以节电1000亿千瓦时。长江三峡每年发电是800亿千瓦时，也就是节约的电比

爆破烟囱

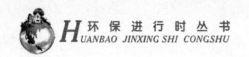
不可再生的资源

一个三峡的发电量还要多。所以说，节能也是一种绿色能源，可以通过节约减少能源浪费。

6.落实重点工程的节能

①燃煤工业锅炉改造工程。通过实施以燃用优质煤、筛选块煤、固硫型煤和采用循环流化床、粉煤燃烧等先进技术改造等，建立科学的管理和运行机制，提高燃煤效率。

②区域热电联产工程。热电联产与热、电分产相比，热效率提高30%。重点以采暖热负荷为主，建设30万千瓦级高效环保热电联产机组。

③余热余压利用工程。钢铁、水泥生产建设，煤炭采掘等利用此工程，节能效果显著。

④节约和替代石油工程。重点耗能行业通过实施以洁净、石油焦、天然气替代燃料油，加快西电东送，替代燃油小机组；实施机动车燃油经济性标准及相配套政策和制度，采取各种措施节约石油；实施清洁汽车行动计划，发展混合动力汽车，在城市公交客车、出租车中推广燃气汽车，加快醇类燃料推广和煤炭液化工程实施进度，发展替代燃料。

在具体的节能战略落实过程中，应该对节能减排重点行业，实施关键技术及重大技术装备产业化示范项目和循环经济高技术产业化重大专项。落实节能、节水技术政策大纲，在钢铁、有色金属冶炼、煤炭、电力、石油石化、化工、建材、纺织、造纸、建筑等重点行业，推广一批潜力大、应用面广的重大节能减排技术。鼓励企业加大节能减排技术改造和技术创新投入，增强自主创新能力。

四、欧盟的节能减排方式

欧盟国家能源政策一般有三个内容，一是能源效率，二是能源节约，三是可更新能源。而推出的各种政策工具和技术手段都集中于CO_2排放的控制。在欧盟，能源消耗中工业占22%，交通占24%。一次能源在转换中的耗损占35%。扣除这项耗损后，超过30%的能源为建筑物所消耗。所以各国都在工业、交通、建筑物、电气设备和照明等领域围绕控制CO_2排放来设计政策。

建筑物节能。一是建筑物能源证书制度，欧盟各国都已推行。政府对所有建筑物都按每平方米耗能情况进行登记，并制作成证书。法律规定业主出租或出售住宅，必须同时出具此证书。丹麦的建筑物能源证书分别

太阳能取暖

对一家一户型住宅、公寓式住宅和商用办公建筑颁发。新建筑必须符合新的能源标准方可开工。二是鼓励建筑物节能改造。德国全国有3900万套住宅，其中有75%建于1979年之前。法律规定若业主要对住宅翻新改造，必须符合新的能耗标准。政府相应推出鼓励措施，由国家开发银行给予低息贷款支持，联邦政府再补贴银行。一旦改造后的建筑物达到CO_2减排指标，业主还款的本金还可免除15%。2001—2005年，仅实现建筑物的CO_2减排标准，联邦政府为贷款补贴支付了15亿欧元。

交通节能。一是汽车发动机改造。由于柴油发动机比汽油发动机能耗降低35%，到2005年，德国全国汽车已有50%为柴油发动机。1990以来，汽油发动机的效率也提高了20%～25%。1990—2004年，全国汽车发动机效率提高了一倍，汽车燃料消耗减少了40%。二是税收。德国的汽油价格中，税收占70%。法律还针对高速公路货车按CO_2的排量收费，而使用天然气的汽车到2020年前享受免税优惠。三是推广新型燃料。第二代生物燃料占市场的3.4%，由此每年CO_2减排500万吨。四是能耗标志制度。尽管政府没有强制淘汰高耗能汽车，但有了强制性的能耗标志，类似于家电、建筑物那样，消费者自然容易做出选择。2012年之前高耗能汽车生产设备有望逐步淘汰。

家电和照明节能。丹麦在2005年10月设立了节能信托基金，该基金对节能电器会有补贴，如对节能冰箱每一台都有

节能标志

补贴。比利时弗莱芒区地方政府向居民发放购物券，指定此券在2006—2007年间必须用于购买节能灯具。

可再生能源发电强制收购。与常规能源发电比，可再生能源发电成本高。针对电网公司缺乏收购动力，政府有三种政策干预模式：一是以意大利为代表的配额制，要求电网运营商分担购买某一固定数额的电量；二是以爱尔兰为代表的招投标制；三是以法国和德国为代表的按保护价强制收购接入。在德国，四大电网运营商收购常规能源发电价格为20欧分/千瓦左右，但收购可再生能源发电价格为50欧分/千瓦时。政府允许电网提高电力零售价格，为此平均每个德国家庭每月增加电费开支1.5欧元。这种模式的电价比配额制低8欧分/千瓦时。公开招标制下电价也较低，但因招标周期问题，不利于能源产业长期发展。爱尔兰正拟转向强制收购接入制度。丹麦还对电网重新进行了国有化，对新能源也实行强制收购接入制度，风力发电占其电力的21%。

节能宣传

不可再生的资源

CO_2排放配额交易。欧盟根据对《京都议定书》的承诺,让各成员国分别承担了CO_2的减排任务,然后各国又对能源、加工制造业等排放CO_2的企业核定排放配额作为合法"排放权",企业若超额排放,必须到市场上购买配额。这就形成了企业之间排放权的配额交易市场。据称,德国企业CO_2排放配额近于用完。此外,根据世界银行的一项安排,这些企业还可以通过帮助发展中国家减排相应地增加自己的配额。

发电减排。在丹麦,发电用柴油价格中能源税和CO_2税占了2/3,发电用煤价中能源税、CO_2税超过85%,但可再生的木屑、草等不征能源税。结果化石燃料价格几乎为生物燃料价格的两倍,而发电后每度电的收益率前者却远低于后者。这就极大地刺激了可再生能源和垃圾发电的开发。热电联产减排,即发电和供热业务合并,网点铺开,以大幅减少热和电的传输损失。20世纪80年代中期,丹麦的供热和发电集中于15家企业。实行热电联产后,热电厂星罗棋布,2005年达694家。结果燃料消耗减少30%,燃料热效由40%升至90%。

政策公关。为保证政策顺利实施,政府需要就节能减排政策意图和意义与公众、能源提供商、工业企业以及社会中介组织联络,进行政策宣传、项目咨询和信息沟通等服务。有关机构还与其他国家或国际组织广泛交流。这些工作不仅政府部门自己做,还委托大量的社会组织代理,它们的分支遍布社区。

立法保障。欧盟关于能源节约和能源效率颁布了若干指令。建筑物能源指令提出了计量建筑物能耗的方法,设立新建筑物最低能效标准,建立建筑物能源标志制度,业主在出租、出售房屋时必须出具能耗等级证书,公共建筑物上必须标示能耗证书。欧盟能源效率指令要求在2008—2016年的连续9年中要节能9%,每年节能1%。此指令对公共部门、能源供应商都规定了具体的义务，并设计了详细的测算、审计和报告方法。欧盟生态设计指令规定了锅炉、热水、办公自动化设备、电视机、充电器、办公照明、街道照明、空调器等14种产品或设施的技术与经济标准。德国从1976年以来，先后颁布了建筑物节能法、机动车辆税法、热电联产法、节能标志法、生态税改革法、可再生能源法等八部法律。这些立法都有相应的政府部门负责实施，如联邦经济技术部负责节能和提高能效工作；环境和核安全部负责CO_2减排、再生能源和核能工作；交通、建筑与城市发展部负责交通、建筑物的节能工作等。

节能减排可以成为经济增长的重要动力。决策者首先必须有深刻认识，并率先垂范。2006年丹麦议会中七个党派达成共识，要求今后几年公共部门能耗每年降低1.5%。丹麦1980年以来GDP约增长50%，但能源消费几乎无增长，单位GDP耗能每年降低1.9%，CO_2排放每年恒定。德国在1990—2005年的15年间经济增长25%，能源总消耗却下降5%。

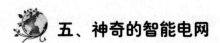

五、神奇的智能电网

智能电网，即Smart Grid，原意为智能网格或智能网。智能电网的定义是：以物理电网为基础，在中国以特高压电网为骨干网架，各级电网协调发展的坚强电网为基础，将现代化先进的传感测量技术、通信技术、信息技术、计算机技术和控制技术与物理电网高度集成而形成的新型电网。智能电网具有坚强、自愈、兼容、经济、集成、优化等特征。

智能电网的本质就是能源替代和兼容利用，它需要在创建开放的系统和建立共享的信息模式的基础上整合系统中的数据，优化电网的运行和管理。它主要是通过终端传感器将用户之间、用户和电网公司之间形成即时连接的网络互动，从而实现数据读取的实时、高速、双向的效果，整体性地提高电网的综合效率。

智能电网有以下特点。

其一，它能够实现双向互动的智能传输数据，实行动态的浮动电价制度。

其二，它可以利用传感器对发电、输电、配电、供电等关键设备的运行状况进行实时监控和数据整合，遇到电力供应的高峰期之时，能够在不同区域间进行及时调度，平衡电力供应缺口，从而达到对整个电力系统运行的优化管理。

其三，智能电网能够将新型可替代能源接入电网，比如太阳能、风能、地热能等，实现分布式能源管理。

其四，智能电表也可以作为互联网路由器，推动电力部门以终端用户为基础，进行通信、运行宽带业务或传播电视信号。

智能电网首先要建立一个高速双向的通信网络，其次是在电力系统发、输、配、用各个环节的重要设备上安装传感器，再有就是还要有一个拥有足够智慧的控制系统，这是一个智能电网必不可少的基础。智能电网具备更好的安全性和可靠性，实际上它还具有更多的特征，如抵御攻击的能力、提高电网设备的运行效率、容许各种不同的发电形式接入等。智能电网不仅需要安装大量的传感器及智能设备，而且需要解决很多技术难题，如储能技术、通信规约问题、智能设备的研制，因而投资比传统电网要大得多。

电力产业包括四个流程，即发电，输电，供电，用电和服务，整合这

电网智能化是未来发展趋势

个集合的过程就是改造人类能源体系的过程。就发电而言就是人类用技术将太阳能、风能、地热能、石油、天然气、核能、煤炭、氢能和生物质能等重新整合的问题；就输电而言就是人类将用新材料和智能电网改进输电损耗的问题。就供电、用电而言就是如何解决分布式能源管理和智能电网管理效益最大化的问题。

　　解决上述问题的主要途径就是智能电网。对电力系统而言，智能电网是一个完整的信息架构和基础设施体系，实现对电力客户、电力资产、电力运营的持续监视，利用"随需应变"的信息提高电网公司的管理水平、工作效率、电网可靠性和服务水平。与传统的电网相比，智能电网进一步扩展对电网的监视范围和监视的详细程度，整合各种管理信息和实时信息，为电网运行和管理人员提供更全面、完整和细致的电网状态视图，并加强对电力业务的分析和优化，改变过去基于有限的、时间滞后的信息进行电网管理的传统方式，帮助电网企业实现更精细化和智能

化的运行和管理。

智能电网的基本概念包括三个主要元素。

①更高的数字化程度，通过更多的传感器连接各种电网资产和设备。

②数据的整合体系和收集体系。

⑧根据数据进行分析，优化运行和管理。

简单地说，智能电网就是通过传感器将各种电网设备、资产连接到一起，形成一个客户服务总线，从而对电网信息进行整合分析，以此来降低成本，提高效率，提高整个电网的可靠性，使运行和管理达到最优化。

 六、绿色的节能汽车

什么是节能汽车？下面我们来了解一下节能汽车所涵盖的内容。

(1)减轻汽车自重。

(2)降低风险。

(3)采用现代燃料及开发新型动力机。

(4)发展小排量汽车。

汽车节能与节能汽车是从能源角度出发看问题的两个方面，但却是一个不可分割的统一体。二者都是汽车节能减排的不同方法。

汽车节能就是减少汽车的燃料消耗量或是提高单位燃料的行驶里程。汽车环保广义上讲是指减少汽车生产、使用和报废过程中对人和环境的污染。我们这里所讲的汽车环保主要指使用过程中汽车排出的尾气和车辆产生的噪声对环境的污染。对于同一车辆，燃料消耗的减少意味着对环境污染的减少。所以，一般来讲，节能的实质也是环保。但环保技术的实现并非都可以同时达到节能的目的，如发动机尾气净化装置，如果因装置结构排气负压处理不好会导致发动机效率下降，油耗增加。因此，尽量减少燃料消耗或采用替代燃料或在不增加燃料额外消耗前提下减少排放才是汽车节能与环保的努力方向。

在对传统汽车进行技术改造的过程中也逐渐形成了以具有良好环保、能源特性的纯电动汽车、混合电动汽车和燃料电池电动汽车等为代表的新能源汽车的研发潮流和产业化热点。其实在前面提及新型燃料时已经提及其他新能源汽车，如压缩天然气、氢燃料、合成燃料、液化石油气和醇醚燃料汽车等，限于篇幅这里只对电动汽车技术进行探讨。电动汽车因污染小、节约能源、能改善能源消耗结构和电网负荷，已经成为21世纪重要的绿色交通工具。

1.纯电动汽车

纯电动汽车是指采用蓄电池作为能量存储单元，采用电机为驱动系统的车辆。就目前的动力电池的技术水平，小型四轮纯电动汽车技术商业化条件已经具备，可以作为短距离上班族的代步交通工具或作为出租车予以推广，尤其是配合社会主义新农村建设。对于大型纯电动车辆还主要是用于特殊场合，如机场摆渡车和市区定线行驶的公交车以及其他特殊用途。也有采用超级电容的纯电动大客车，实践证明其具备推广价值。纯电动轿车一次充电续驶里程应不低于200千米，最高时速可达到120千米/小时。它依赖于电池的技术进步，目前不具备大批量商业化的条件。纯电动汽车的核心技术是电机电控技术、电池组能量管理技术等。通过近五年的努力，我国目前已经实现了纯电动汽车的小批量生产，开发的纯电动轿车和纯电动客车均已通过了国家汽车产品型式认证，纯电动轿车的动力性、经济性、续驶里程、噪声等指标已超过法国雪铁龙公司等国外大型汽车生产企业研制的纯电动轿车和箱式货车，初步形成了关键技术的研发能力，纯电动汽车在特定区域的商业化运作正在广泛开展。

2.混合动力汽车

混合动力汽车是指由两个或多个能联合或单独运转的驱动系统驱动的汽车。按电动功率的功能和容量混合动力汽车可以分为：微度混合、轻度混合、全混合和外电源插座充电混合四种；按能源补充的方式可分为加油站加油和充电站充电两种；按照系统能量流和功率流的配置结构关系可分为串联、并联和混联三种；按照功率辅助形式又可分为续驶里程延长型、功率辅助型、双模式型等。现在已经市场化的是油电混合电动汽车，其中微混合电动汽车应比常规汽车减少3%以上的能源消耗，轻度混合电动汽车油耗应比传统燃料汽车节能15%以上，全混合动力汽车应比同级传统燃料车减少30%以上燃料消耗。由于纯电动汽车续驶里程短和高昂的电池成本给电动汽车商业化推广应用带来很多问题，所以目前混合动力汽车技术是新能源车辆的主流技术。混合动力汽车的核心技术是动力总成技术、系统集成匹配技术以及车载能源技术和整车控制与能量管理技术等。混合动力电动轿车多采用并联和混联技术，混合动力电动公共汽车以串联技术为主。国际上轿车商业销售成绩斐然，而大客车已经大规模示范，仅美国就有15个城市。我国一汽、东风、长安、奇瑞等汽车集团公司都投入了较大人力、物力来完成各车型功能样车的开发，性能样车开发和产业化准备基本上完成，在控制、混联机电耦合结构方案等方面也取得了许多的技术创新成果。

3.液压混合动力汽车

液压混合动力汽车是在原汽车发动机动力的基础上增加了由液压马达、液压蓄能器、控制器、执行器等组成的液压辅助动力系统。车辆在起步时发动机不工作，由液压马达驱动车辆起步行驶。起步阶段是发动机最费油、尾气排放最大的阶段，如果采用液压马达驱动车辆起步，将会节省发动机的油耗，达到节油与环保的目的。驱动液压马达的能量来自于液压蓄能器中贮存的液压能。车辆加速或上坡时液压马达与发动机同时工作，可以减轻发动机的负荷，实现节油及减少尾气排放的目的。车辆在下坡减速制动或停车制动时液压马达将车辆势能和运动的动能转化成液压能贮存在液压蓄能器中，在车辆起步或上坡、加速时应用这些液压能。因为液压

混合动力客车

环保进行时丛书

不可再生的资源

能量来于车辆的制动及下坡过程，所以适用于车辆频繁制动、减速的场合，特别是公交车辆。在液压混合动力汽车领域，我国已有三家以上单位的样车通过了产品性能测试和试验，效果明显。

4.燃料电池汽车

燃料电池汽车是指采用氢能作为全部或部分能源，通过化学方法产生电力并采用电机驱动的车辆。燃料电池汽车被认为是能够真正实现零污染的汽车产品，并公认质子交换膜燃料电池是其中最好的选择，但在燃料电池发动机的研究方面仍然面临着许多难题需要解决。如质子交换膜燃料电池PE米FC抗CO催化剂和质子交换膜、低廉的车载PE米FC流场板和单体电池放大设计等技术一直是研究的重点；还有系统集成、成本问题和车载重整制氢技术也是研究的重点。我国燃料电池电动汽车建立了产品技术开发和演示验证试验平台，整车操控性能、行驶性能、安全性能、燃料利用率等得到较大提高。

七、生活中的节能减排

一些简单易行的改变就可以减少能源的消耗。例如，离家较近的学生可以骑自行车上下学而不是让家长开车接送；短途旅行选择火车而不搭乘飞机；在不需要继续充电时，随手从插座上拔掉充电器；如果一个小时之内不使用电脑，顺手关上主机和显示器；每天洗澡时用淋浴代替盆浴，每人全年可以减少约0.1吨二氧化碳的排放！

（一）在家我们能做什么

1.照明用电

注意随手关灯，使用高效节能灯泡。美国的能源部门估计，单单使用高效节能灯泡代替传统电灯泡，就能避免4亿吨二氧化碳被释放。

节能灯最好不要短时间内开关，有资料说，节能灯其实在开关时是最耗电的。

白天可以做完的事不留在晚上做，洗衣服、写作业在天黑之前做

燃料电池汽车

完。早睡早起有利于身体健康，又环保节能。

2.家用电器的节能使用

购买洗衣机、电视机或其他电器时，选择可靠的低耗节能产品。

及时拔下家用电器插头。电视机、洗衣机、微波炉、空调等家用电器

不可再生的资源

在待机状态下仍在耗电，加在一起相当于开一只30～50瓦的长明灯。如果全国3.9亿户家庭都在用电后拔下插头，每年可节电约20.3亿度，相应减排二氧化碳197万吨。

3.低碳烹调法

尽量节约厨房里的能源。食用油在加热时产生致癌物，并造成油烟污染居室环境。减少煎炒烹炸的菜肴，多煮食蔬菜。不要把饭锅和水壶装得太满，否则煮沸后溢出汤水，既浪费能源，又容易扑灭灶火，引发燃气泄漏。调整火苗的燃烧范围，使其不超过锅底外缘，取得最佳加热效果。如果锅小火大的话，火苗烧在锅底四周只会白白消耗燃气。

自家煮饭炒菜，量足够吃就好，不多炒。路上看到被人丢弃的食物，可以捡起来喂野狗、野猫和小鸟等小动物。变质的饭菜可以埋在地里做肥料。

4.循环再利用

靠循环再利用的方法来减少材料循环使用，可以减少生产新原料的数量，从而降低二氧化碳排放量。例如，纸和卡纸板等有机材料的循环再利用，可以避免它们被填埋后释放出来的沼气（一种能引起温室效应的气体，大部分是甲烷）。据统计，回收一吨废纸能生产800千克的再生纸，可以少砍17棵大树，节约一半以上的造纸原料，减少水污染。因此，节约用纸就是保护森林、保护环境。

5.节能的健身方式

假如所住楼房的楼梯通风、采光状况良好，安全设施齐备，可以每天做"爬梯运动"，在节电的同时，健身、健心、健性情一次完成。

手洗轻便的衣服，也是一种很好的运动。以站桩的姿势在洗衣池前站定，既锻炼脚力，又可使经常处于紧张状态的腰部和背部放松。双手同时搓洗衣服，节水节电的同时锻炼了手指灵活性和左右脑的协调能力。

6.节省取暖和制冷的能源

大部分家庭的能源都消耗在取暖和制冷上。只要采取自然通风法调节室温，且不要使室温过高（冬季）或过低（夏季），就能减少10%的费用和二氧化碳排放量。

检查阁楼和空心墙隔热材料的质量。冬季检查门窗的缝隙是否密闭。

夏季天气不算十分炎热时，最好用扇子或电风扇代替空调。

楼梯锻炼身体

7.可再生能源

使用各种可再生能源的技术能大大地减少我们在使用能源的过程中产生的二氧化碳。太阳能可以加热水和发电。在一些欧洲国家越来越多地采用生物质采暖系统，还有一些新式的小型风力涡轮发电机已经可以供家庭使用。

不可再生的资源

8.垃圾分类处理

垃圾分类可以回收宝贵的资源，同时减少填埋和焚烧垃圾所消耗的能源。例如，废纸被直接送到造纸厂，用以生产再生纸；饮料瓶、罐子和塑料等也可以送到相关的工厂，成为再生资源；家用电器可以送到专门的厂家，进行分解回收。家里可以准备不同的垃圾袋，分别收集废纸、塑料、包装盒、厨余垃圾等。每天进行垃圾分类和回收，不仅是我们应尽的责任，也有利于培养我们爱护环境的习惯和自觉性。

9.交流捐赠多余物品

将多余或不用的物品集中起来，通过交换和捐赠的办法，达到重复利用的目的。

(二)出门我们能做什么

1.明智的旅行

先计划好最佳路线再出发。

仔细想想你的旅行需求。尽量使用公共交通工具。

你想过跟家人和朋友共乘一辆汽车吗？你真的需要飞行吗？可能一个电话更节省时间、金钱和降低二氧化碳排放量。

2.开车时

开车时注意油离配合，保持在经济时速。试验显示，油门踩到底比中速行驶费油2—3倍，所以在行驶中猛刹车、猛起步都是大忌，尽量做到平稳起步。

在排队、堵车或等人时，尽量避免发动机空转。发动机空转3分钟的油耗可以让汽车行驶1公里。因此，如果滞留时间超过1分钟，就应该熄火。

3.每月少开一天车

每月少开一天，每车每年可节油44升，相应减排二氧化碳98千克。如果全国有1248万辆私人轿车的车主能做到，那么总共可以节油5.54亿升，减排二氧化碳122万吨。

4.提高出门办事效率

除非必需，不单独驾车出门。每次出门之前，把要办的事列出来，争取一口气办完。这样可以减少塞车造成的能源浪费和环境污染。

(三)购物时我们能做什么

1.不要掉进奢侈品的陷阱

越时尚的商品更新换代的速度越快。无论是电子产品还是时髦的服装，商家通过不断地推陈出新，刺激人们的购买欲。那些追求奢侈品消费的"月光族"和"车奴"、"卡奴"，不仅浪费资源，还使自己背上沉重的经济枷锁，究竟是富人还是"负人"，只能冷暖自知。

2.使用再循环材料的好处

比起用原始材料制造的产品，用再循环材料制造的产品一般消耗较少的能源。例如，使用回收钢铁来生产所消耗的能源比使用新的钢铁少75%。

3.告别塑料袋

重拎布袋子、菜篮子。虽然少生产1个塑料袋只能节能约0.04克标准煤，相应减排二氧化碳0.1克，但由于塑料袋日常用量极大，如果全国减少10%的塑料袋使用量，那么每年可以节能约1.2万吨标准煤，减排二氧化碳3.1万吨。

关于节能减排，我们能做的事太多太多。这些日常小事你我都能做得

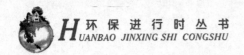

到。只要留心留意，每个人都能成为节能减排的行家里手。绿色生活方式带给我们的不仅是省钱实惠，而且有利于节能减排，何乐而不为呢？

　　科学节能，大有技巧；全民减排，贡献不小。让我们每一个公民行动起来，从我做起、从点滴着手、从现在做起、从身边做起，积极参与节能减排，为实现国家的节能减排目标做出自己的贡献，共同创造更加节约、更加洁净、更加文明的可持续的美好生活。

不可再生的资源

第二章

能源利用和生态保护的矛盾

一、能源危机会来吗

人类社会的发展史实际上是一个地球资源的开发史与利用史，而能源开发又在资源开发中占有极其重要的地位。进入21世纪后，人们把能源、材料、信息和生物科技并称为现代文明的四大支柱，其中现代能源开发又一直处在基础性重中之重的位置。

伴随着能源的开发，一场以争夺能源为目标的斗争逐渐展开。原因是作为地球自然资源的非再生矿物能源越来越少，而且总有一天会耗尽，人类自身生存受到了威胁。

从20世纪50年代开始，能源危机的阴影向人类逐渐逼近，近半个世纪以来发生了几次世界性能源危机，给世人留下痛苦的回忆。

第一次石油危机(1973年－1974年)

1973年10月16日，震撼世界的石油危机爆发。

在10月中东战争中，阿拉伯石油生产国为了打击以色列及其支持者，把石油作为捍卫国家主权，收复失地和反对霸权主义的战略武器，采取减产、提价、禁运以及国有化等措施开展了一场震撼世界的石油斗争，成为第三世界反霸斗争的一个伟大创举。

1973年10月6日爆发战争当天，叙利亚首先切断了一条输油管，黎巴嫩也关闭了输送石油的南部重要港口西顿。10月7日，伊拉克宣布将伊拉克石油公司所属巴士拉石油公司中美国埃克森和莫比尔两家联合拥有的股份收归国有。

接着，阿拉伯各产油国在短短几天内连续采取了三个重要措施：

10月16日，科威特、伊拉克、沙特阿拉伯、卡塔尔、阿拉伯联合酋长国和伊朗决定，将海湾地区的原油市场价格提高17%。

10月17日，阿尔及利亚等10国参加的阿拉伯石油输出国组织部长级会议宣布，立即减少石油产量，决定以9月份各成员国的产量为基础，每月递减5%。

10月18日，阿拉伯联合酋长国中的阿布扎比酋长国决定完全停止向美国输出石油。接着利比亚、卡塔尔、沙特阿拉伯、阿尔及利亚、科威特、巴林等阿拉伯主要石油生产国也都先后宣布中断向美国出口石油。

阿拉伯国家的石油斗争突破了美国石油垄断资本对国际石油产销的控制，沉重地打击了美国在世界石油领域的霸权地位。

等待加油的车主们

1973年被称为是美国历史上最"黑暗"的一年——灯火通明的摩天大楼到了夜晚一片漆黑，联合国大厦周围和白宫顶上的电灯也限时关掉，许多居民不得不靠拾树枝生火取暖。美国无法提供急需的石油以抢回世界油价控制权，被打得措手不及，以致尼克松不得不承认美国"正在走向第二次世界大战结束以来最严重的能源不足的时期"。他下令降低了自己座机的飞行速度，并取消周末旅行的护航飞机。美国人建立在资源无比富饶之上的信心在这次石油危机中被严重摧毁。

石油价格的上涨触发了第二次世界大战之后最严重的全球经济危机。

第二次石油危机（1979年－1980年）

1978年底，伊朗爆发革命后伊朗和伊拉克开战，石油日产量锐减，引发了第二次石油危机。这次石油危机中石油产量从每天580万桶骤降到100万桶以下，全球市场上每天都有560万桶的缺口。油价在1979年开始暴涨，从每桶13美元猛增至1980年的35美元。这种状态持续了半年多，此次危机成为20世纪70年代末西方经济全面衰退的一个主要诱因。危机导致西方主要工业国经济出现衰退，据估计，美国GDP下降了3%左右。西方主要原油消费国纷纷抢购石油进行储备。

第三次石油危机（1990年）

1990年爆发的海湾战争，直接导致了世界经济的第三次危机。来自伊拉克的原油供应中断，油价在三个月内由每桶14美元急升至42美元。美国经济在1990年第三季度陷入加速衰退，拖累全球GDP增长率在1991年降到2%以下。随后，国际能源机构启动了紧急计划，每天将250万桶的储备原油投放市场，油价一天之内暴跌10多美元，欧佩克（石油输出国组织）也迅速增产。因此，这次高油价持续时间并不长，与前两次危机相比，对世界经济的影响要小得多。

真正的能源危机还有多远？

这几次石油危机给全球经济造成了严重冲击。历史上的几次石油价格大幅攀升都是因为欧佩克供给骤减，促使市场陷入供需失调的危

环保进行时丛书
HUANBAO JINXING SHI CONGSHU

不
可
再
生
的
资
源

机中。

2004年以来，国际油价不断创出新高，一些市场人士认为，第四次石油危机可能来临。石油价格一直是世界经济关注的热点。

目前看来，金融危机又正牵动油价下滑，石油的供需影响着世界经济。

石油危机也让我们认识到能源对人类的重要性。

石油危机宣传画

如果之前的能源危机是由于人为的原因造成的话，那么，随着人类经济的进一步发展，人们对能源的依赖越来越强，我们可以想象一下，如果世界上没有了电，没有了石油，我们的生活该如何继续下去？

地球上的能源越来越少。按照我们现在开采能源的速度，地球上存在的煤炭只能供我们开采200年左右，而石油和天然气只能供人们使用50年左右，包括各种能源在内的能源短缺引起的能源危机离我们已经不远。

为了应对能源危机，世界各国都在极力开发新能源，尤其是可再生能源，以保证人类的能源需要。

二、经济三大能源还能撑多久

煤

煤炭资源

煤炭是埋在地壳中亿万年以上的树木和植物由于地壳变动的原因，经受一定的压力和温度作用而形成的含碳量很高的可燃物质，这物质又称作原煤。由于各种煤的形成年代不同，碳化程度深浅不同，可将其分类为无烟煤、烟煤、褐煤、泥煤等几种类型。烟煤又可以分为贫煤、瘦煤、焦煤、肥煤、漆煤、弱黏煤、不黏煤、长焰煤等。

煤炭既是重要的燃料，也是珍贵的化工原料。20世纪以来，煤炭主要用来炼焦，用于电力生产和钢铁工业，某些国家蒸汽机车用煤比例也很大。另外，由煤转化的液体和气体合成燃料，对补充石油和天然气的使用也具有重要的意义。

石油

石油是一种用途广泛的宝贵矿藏，是天然的能源物资。但是石油是

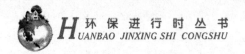
不可再生的资源

如何形成的，这个问题一直存在争议。目前大部分的科学家都认同的一个理论是：石油是由沉积岩中的有机物质演变而成的。因为在已经发现的油田中，99%以上都是分布在沉积岩区。另外，人们还发现海底、湖底的近代沉积物中的有机物，正在向石油慢慢地变化。

同煤相比石油有很多优点：它释放的热量比煤大得多，每千克石油燃烧释放的热量约是煤的两三倍，且石油使用方便，它易燃又不留灰烬，是理想的燃料。

石油平台

目前世界有七大储油区。第一大储油区是中东地区，第二是拉丁美洲地区，第三是苏联，第四是非洲，第五是北美洲，第六是西欧，第七是东南亚。这七大储油区的储油量占世界石油总储量的95%。

天然气

天然气是地下岩层中以碳氢化合物为主要成分的气体混合物的总

液化天然气储罐

称。天然气是一种重要的能源，燃烧时有很高的发热值，对环境的污染也较小，而且它还是一种重要的化工原料。天然气的生成过程与石油类似，但比石油更容易生成。天然气主要由甲烷、乙烷、丙烷和丁烷等烃类组成，其中甲烷占80%~90%。

最近十年液化天然气技术有了很大的发展，液化后的天然气体积仅为原来体积的1/600。因此可以用冷藏油轮运输，运到使用地后再予以气化。另外，天然气液化后，可为汽车提供方便的污染小的天然气燃料。

三大能源支柱的现状与未来

到目前为止，石油、天然气和煤炭等化石能源系统仍然是世界经济的三大能源支柱。毫无疑问，这些化石能源在社会进步、物质财富生产方面已为人类做出了不可磨灭的贡献；然而，实践证明，这些能源资源同时存在着一些难以克服的缺陷，并且日益威胁着人类社会的安全和发展。

首先是资源的有限性。专家们的研究和分析几乎得出一致的结论：这些不可再生能源资源的耗尽只是时间问题，是不可避免的。其次是对环境的危害性。化石能源，特别是煤炭被称为肮脏的能源，从开采、运输到最终的使用都会带来严重的污染。大量研究证明，80%以上的大气污染和95%的温室气体都是由于燃烧化石燃料引起的，同时化石燃料的燃烧还会对水体和土壤带来一系列污染。这些污染及其对人体健康的影响是极其严重的，不可小视。

人类对化石能源的依赖性越强，人类面临的能源危机就越大。当能源危机发生的时候，人类将会怎样？人类又将如何寻求新的、可持续使用而又不危害环境的能源？

不可再生的资源

三、我国石油工业发展历程

两千多年前的中国古代就已开始利用自然溢出的石油，用做燃料或点灯照明，逐渐扩大到润滑、医药、制墨和军事。古人最早把石油称作石漆、石淄油、硫黄油等。"石油"一词由宋代科学家沈括在《梦溪笔谈》中提出，并为后人广泛引用。人类在石油的勘探、开发和油品分离提炼上的技术十分落后，近千年来几乎没有什么可记载的内容。不过，一千多年前有一项开采岩盐的钻井技术，打开了世界钻井技术的先河。

中国古代钻井技术曾领先国外近千年

享誉世界的四川省大英县"卓筒井"钻井技术，在岩石上打孔钻井制盐，发明于北宋庆历年间，比西方早800多年。它包含先进钻井技术的一切基本要素。《中国科学技术史》、《中国井盐科技史》中，都称其为"中国古代第五大发明"、"世界石油钻井之父"。

虽然历经千年，但其古老的工艺流程仍保存得相当完整。它的钻探技术揭开了人类开发贮存于地下深处的矿产资源的秘密，成为世界钻井技术的活化石。

19世纪前半叶，美国出现用蒸汽机为动力，通过传动装置来冲击钻井的顿钻，用于钻凿盐井。这是钻井技术的第一次革命。1859

卓筒井

年，德雷克"上校"在美国宾夕法尼亚州钻成的世界第一口近代油井，用的就是这种顿钻。这口井很浅，只有21米。它比中国晚了800多年。

在近代石油发展史上，中国落后发达国家几十年，就在外国石油巨头们耻笑中国贫油的时候，一位在国外的中国科学家发出呐喊。

李四光在石油勘探开发上的重大贡献

1915—1917年，美孚石油公司钻井队在中国陕北一带打了7口探井，花了300万美元，因收获不大走掉了。1922年，美国斯坦福大学教授布莱克威尔德来到中国调查地质，写了《中国和西伯利亚的石油资源》一文，下了"中国贫油"的结论。从此，中国贫油论就在世界上流传开来。李四光根据自己对地质构造的研究，在1928年的论文中提出："美孚的失败，并不能证明中国没有油田。"他在《中国地质学》一书中又一次提出：我国松辽平原、华北平原、江汉平原、东海、渤海、黄海、南海，都有重要经济价值的沉积物。这个沉积物就是石油。李四光以他的智慧和科学论断以及后来的实践，彻底推翻外国专家的错误论断，为中国石油的开发利用打下了基础。

李四光，1889年出生于湖北省黄冈一个贫寒人家。他幼年就读于私塾，14岁告别父母，来到武昌报考高等小学堂。

1904年，李四光因学习成绩优异被选派日本留学。1910年，李四光学成回国，武昌起义后，当选为实业

李四光

部部长。袁世凯上台后，革命党人受到排挤，李四光再次离开祖国，到英国伯明翰大学学习。1918年，获得硕士学位的李四光决意回国效力。

1920年，李四光应邀担任北京大学地质系教授、系主任；1928年，担任地质研究所所长，后当选为中国地质学会会长。他带领学生和研究人员跋山涉水，足迹遍布祖国的山川。他先后数次赴欧美讲学，参加学术会议，考察地质构造。抗战期间，李四光和研究所的同事们受尽奔波辗转之苦。那时，虽然生活十分清苦，但他和同事们没有放弃地质研究。

1948年2月初，李四光从上海启程赴伦敦，参加第十八届国际地质学会。会后，他在英伦三岛住了一年，一面养病，一面观察时局发展。

1949年4月初，郭沫若根据周恩来的指示，给李四光带了一封信，请他早日回国。看了这封由郭沫若领头签名的信，李四光非常激动——新中国就要屹立于世界的东方，自己的本领可以施展，抱负可以实现了。

1950年5月6日，李四光终于到了北京。这一年他60岁，他觉得，新的生活刚刚开始。新中国的诞生，揭开了李四光科学事业崭新的一章。他担任中国科学院副院长、地质部部长和科联主席，开始了新中国的石油勘探开发事业。

第一个五年计划开端，由于帝国主义国家对我国全面封锁，我国急需寻找自己的油田。毛主席、周总理问李四光："我国天然石油这方面远景怎么样？"根据多年的研究结果和实践经验，李四光坚定地回答："我们国家地下的石油储量很丰富。从东北平原起，通过渤海湾，到华北平原，再往南到两湖地区，可以做

大庆油田

不可再生的资源

工作……"

　　1955年，普查队伍开往第一线。几年里，找到几百个可能的储油构造。1958年6月，喜讯传来：规模大、产量高的大庆油田被探明。接着，地质部把队伍转移到渤海湾和黄河下游的冲积平原。以后，大港油田、胜利油田，其他油田相继建成。地质部又转移到其他平原、盆地和浅海海域继续作战。1964年12月，周总理在第三届全国人民代表大会的《政府工作报告》中指出："第一个五年计划建设起来的大庆油田，是根据我国地质专家独创的石油地质理论进行勘探而发现的。"李四光的工作得到党和国家的充分肯定。从此，中国石油工业走上了蓬勃发展的道路。

困难时期顶着气包过日子

　　由于帝国主义国家的封锁，新中国建立初期石油供应十分困难，一些大中型城市公共汽车用的汽油供应不足，不得已改烧煤气。许多公共汽车顶着一只橡胶做的煤气包。运输卡车更是奇特，用钢板焊一座一人高的锅炉，用木柴不完全燃烧生成的一氧化碳来开动。尽管这些汽车形状怪异，不断发出"嘭嘭"的噪音，但是总算在短期内解决了运输问题。

中国摘掉贫油帽子

　　1955年，中央政府及国家领导人听取了科学家李四光等专家的意见，决定立足国内勘探开发中国自己的石油。这次具有战略意义的科学决策，使中国的石油工业走上蓬勃发展的道路，为新中国成立初期工业的稳定发展提供了保证。

　　这次具有战略意义的决策，来源于国家领导人对科学知识和科学家

的尊重，来源于虚心向科学家李四光等人请教，在掌握石油勘探开发的基本知识后，用科学发展观高瞻远瞩地做出正确的决定，给后人树立了榜样。

那时候，全国各地各行各业掀起支援石油行业的热潮。中国石油工人在铁人王进喜的带领下，徒步进入松辽平原的大草原中，在没有大型吊装设备的条件下，硬是用肩扛人抬的办法，把几十吨重的设备抬上钻井平台。1960年4月14日，新中国在后来被命名为"大庆油田"的地方打下了第一口钻井。在第一口井喷出原油那一天，举国欢腾，中国终于甩掉了贫油的帽子。

接着，在华北、辽东、湖北相继开发的大油田为我国经济稳定发展提供了保证。

四、化石能源、碳基能源山穷水尽了吗

化石能源的使用推动了人类工业文明的发展，但目前在化石能源需求高速增长和存量极其有限的双重制约下，化石能源日趋稀缺。

1. 化石能源的储量极其有限

化石能源的形成过程漫长、条件复杂，且存量有限。无论是煤、石油还是天然气，都是远古生物体经漫长演变而生成的矿物。这种漫长是以亿年来计算的。这三类化石能源的形成过程极其缓慢，不可再生性不言而喻。即使现在沉积的生物体在亿年以后也会生成化石能源，但对于人类来说显然已毫无意义。全球化石能源的枯竭是不可避免的，《世界

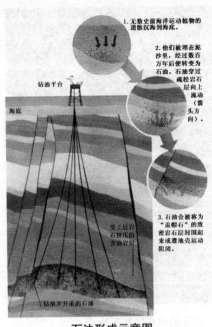

石油形成示意图

图中标注文字：
1. 无数史前海洋运动植物的遗骸沉海到海底。
2. 他们被埋在泥沙里，经过数百万年后便转变为石油。石油穿过疏松岩层向上流动（箭头方向）。
3. 石油会被称为"盖帽石"的致密岩石层封围起来或遭地壳运动阻闭。

钻油平台
海底
受上层岩石挤压的含油岩层
钻油井开采的石油

能源统计2009》显示，2008年底全球石油探明储量为1708亿吨。按2008年度产量计算，可供开采42年，以同样方式计算，天然气和煤炭的剩余储量分别可开采60.4年和122年。

2.化石能源的消费量持续增长

过去30年间，世界能源消费大约以年均3%的速度增长，能源消费弹性系数约为0.660。据美国能源部能源情报署《国际能源展望2004》预测，全球能源消费总量将从2001年的102.4亿吨油当量增加到2025年162亿吨油当量，世界能源消费在2001—2025年将增加54%，全球能源消费峰值将出现在2020—2030年。作为全球能源市场一个重要的组成部分，目前中国的能源消费已占世界能源消费总量的15%左右，世界能源消费将越来越向中国和亚太地区聚集。据预测，目前中国主要能源煤炭、石油和天然气的储采比分别为约80、15和近50，大致为全球平均水平的50%、40%和70%左右，均高于全球化石能源枯竭速度。

3.化石能源生产难度不断加大

化石能源的生产条件是千差万别的，随着社会生产力的不断发展，社会经济系统对化石能源的需求与生态系统对化石能源的供给之间出现了日益增大的供求矛盾，致使很多化石能源的价值正由该部门中等条件下生产该种能源商品的价值来决定，逐步变为由劣等条件下生产该资源

环保进行时丛书 HUANBAO JINXING SHI CONGSHU

不可再生的资源

的个别价值来决定的趋势。这是由于随着200多年来工业革命的不断发展，人类已优先开采了优等条件和中等条件的自然资源区域，随着优等条件下的自然资源储量的大大减少，迫使当代人和后人正向着中等以下条件的自然资源区域去开发，使中等条件以下开采的自然资源商品的量越来越占据商

过多的汽车消耗石油

品量的大多数。目前已探明的石油储量将于2010—2035年耗掉80%；而天然气和煤，从现在算起，天然气只能再用40~80年，煤可再用200~300年。并且，由于人类目前的认识和技术水平的局限性等原因，人类对地壳的钻探深度只有1万米左右，还不到地球半径的千分之二。

4. 化石能源污染严重

化石能源在生产和使用过程中碳排放量较大，尤其是在减排技术不太成熟的工业化初期阶段，化石能源的使用造成生态环境的严重破坏。

人类对化石能源的依赖性与日俱增，但由于人类大规模地对化石能源进行开发和利用仍然处于初级阶段，技术手段和生产方式较为落后，加之化石能源消耗的自身特点，使得化石能源的使用对地球产生的破坏性已经到了难以承受的程度。大规模的化石能源开发和利用所付出的代

价是人类生存环境的不断恶化，主要表现在温室效应的不断加剧、环境污染的不断恶化和固体废弃物不断增多，这已对人类现代文明发展提出了越来越严峻的挑战。

因此，在化石能源稀缺和污染的双重制约之下，全球能源供应和消费结构调整日趋紧迫，加快经济发展方式转型刻不容缓。

5.碳基能源的灾害：酸雨、褐云和灰霾

碳基能源在给人类带来前所未有的工业发展和物质财富的同时，也给人类造成了难以承受的环境压力。除了温室效应外，还有各种污染，包括酸雨、褐云和灰霾等重要的副产品。

煤炭和石油燃烧后产生的硫氧化物和氮氧化物在大气中经过复杂的化学反应形成硫酸或硝酸气悬胶，或被云、雨、雪、雾捕捉吸收，降到地面成为酸雨。它的学术名称是酸性沉降。除了酸雨这种湿沉降外，还有一种叫干沉降。包括中国在内，许多国家均以pH值小于5.0作为酸雨的标准。中国的酸雨主要是因为大量燃烧含硫量高的煤形成的，此外，机动车排放的尾气也是形成酸雨的重要原因。目前我国有三大酸雨重灾区，近1/3的国土已经被酸雨污染。其中，华中酸雨区已成为全国酸雨污染范围最大、中心强度最高的酸雨污染区，

干性沉降物　　　　酸雨

酸雨的形成

不
可
再
生
的
资
源

排名第二的是西南酸雨区，第三大酸雨重灾区是华东沿海酸雨区。

"印度洋试验"是20世纪90年代后期的一个国际科学合作项目，正是它揭开了褐云研究的序幕。大气褐云团是指以细颗粒物为主，悬浮在大气对流层中的大片污染物，其成分包括含碳颗粒物、有机颗粒物、硫酸盐、硝酸盐、铵盐以及沙尘等。联合国环境规划署认为，褐云中的灰尘和煤烟颗粒可以吸收阳光、加热空气，褐云中的臭氧会加重二氧化碳引起的温室效应。中国的北京、上海和深圳以及印度的孟买、伊朗的德黑兰、泰国的曼谷、埃及的开罗等13个城市被定义为褐云覆盖的城市，这些城市的煤灰水平是所有人造微粒总量的10%。

在北京、上海、广州、深圳和香港等中国东部沿海大都市，天空经常是灰蒙蒙的一片，大气能见度很低。这不是雾，在城市中，我们肉眼所及的朦胧，十之八九都是灰霾。造成灰霾天气的正是我们头顶上的这片褐色云团，不过灰霾与褐色云团所反映的大气状况有着细微的差别：一次灰霾天气，可能以城市为中心扩大到周围区域；而成片的褐色云团则是一个区域性问题，对包括我国在内的广大地区乃至全球气候和环境都会产生很大影响。

灰霾影响的不仅是人们的心情，还有大家的呼吸系统。人们柔软娇嫩的肺，今天已经变成了城市灰霾的"吸尘器"，钟南山院士说，广东地区40岁以上的人，无论男女如今都是"一颗红心，两叶黑肺"。在中国现行的空气质量国家标准中，只有二氧化硫、二氧化氮和直径小于10微米的可吸入颗粒物这老三样，真正的杀手其实在这份名单之外，它就是直径小于2.5微米的所谓微小颗粒物。微小颗粒物的致肺癌率高过尼古丁，因为它不仅可以进入血液，影响肺部组织，诱发慢性呼吸系统疾病，甚至还会引起癌变。联合国环境规划署的报告显示，空气中微小颗粒物的浓度上升到每立方米20微克，中国和印度每年会有34万人因此死亡，它导致的经济损失将分别占到中国GDP的3.6%以及印度GDP的2.2%。

6.碳基能源时代的尾声

欧佩克领导人

除了严重的污染之外，碳基能源的不可持续性还在于它越来越昂贵的价格。在当前复杂多变的国际金融形势下，国际市场石油价格的大起大落已经成为常态。

2008年，国际石油价格一波三折。在1月22日创出86.6美元/桶的调整低点后一路上涨，至7月2日欧佩克油价创下每桶140.73美元的历史高位；7月11日纽约原油期货价格曾创出每桶147.27美元的历史新高。此后，油价维持走低之势。至12月23日，欧佩克市场监督原油一揽子价格为每桶34.49美元。这是自2004年7月以来，欧佩克油价首次降到35美元以下。2009年7月1日，油价又一路反弹到每桶69.83美元。

历史上，油价几次大幅飙升都对全球经济产生了严重冲击，甚至导致西方主要经济体陷入衰退。第一次石油危机时，国际油价比危机前大约增长了2倍，达到48.92美元/桶。由于国际油价的大幅上涨，1974年全球进入高通胀期。发达经济体的通胀水平达到了13.95%，日本更高达23.95%，发展中经济体的物价水平也达到了15.76%。2008年上半年，因油价上涨，导致全球经济运行成本提高，产品价格普遍上涨，通货膨胀压力加大。

油价过山车背后，是公众挥之不去的普遍焦躁情绪，而最大的阴影，则是我们今天高度依赖的碳基能源正在逐渐枯竭。全世界虽有上万个产油田，其中日产量超过10万桶的大油田仅有116个，这些油田占全球石油产量的一半。但这些油田绝大部分已生产25年以上，其中很多已经显现颓势。国际能源机构调查了排名前400位的油藏，发现最大的麻烦是世界几个最大的油田都面临产量递减问题。

2008年，墨西哥宣布坎塔雷尔油田在2007年产量基础上减产25%，每天差不多要少生产41.6万桶石油。由于它的减产，墨西哥2008年第一季度的净出口石油减少了9%。俄罗斯也响起了警报，自从2007年10月，石油产量已下降约2%，而且没有显示出能够恢复的迹象。沙特阿拉伯的加瓦尔油田是迄今世界上最大的油田，占全球产量的7%。尽管沙特官方表示该油田未来几年仍可以满负荷生产，日产量可以维持在500万桶，但加瓦尔油田压力全靠强化注水来维持，产量的快速下滑已经不可避免。

为了填补这些缺口，必须有众多新油田投产。尽管花在勘探开发上的钱越来越多，但最近30年的新储量发现率却在稳步下滑。最近一次新发现储量超过在产油田产量的，还是哈萨克斯坦的卡沙甘油田，不过开采该油田的成本至少需要1350亿美元，成本之昂贵不言而喻。

根据美国能源部的数据，到2030年，世界液体燃料需求预计将达到每天1.176亿桶，而从沥青砂、页岩和生物燃料中合成的非常规石油，每天可以提供1050万桶，但大部分需求的1.071亿桶还得靠常规石油。越来越多的人相信，现在世界的石油产量已经达到峰值，将不会超过每天

不可再生的资源

8500万桶。尽管有人寄希望于未开发的非常规储备，例如加拿大阿尔伯塔地区丰富的沥青砂资源，北极圈丰富的油气储藏随着全球变暖也会适于开采，可惜时间不在人类这一边。为了不突破2℃这个大限，全球排放必须在未来5～10年达到峰值，并在2050年降到1990年的80%，这迫使各国必须在21世纪中叶实现能源系统的零碳化转型。

壳牌石油标志

事实上，壳牌、BP、埃克森美孚这三巨头的液烃产率已经分别在2002年、2005年和2006年达到了最高值。可持续性组织的约翰·艾尔金顿和加里·肯德尔认为，对全球石油工业而言，2008年有可能是巅峰之年。由于运输问题的制约，全球已经进入一个石油供给缺乏可靠性和廉价性的时代，石油时代已经无可挽回地进入衰退期。在《为什么世界将大为变小》一书中，加拿大帝国商业银行前经济学家杰夫·鲁宾也断言，我们正走向能源稀缺时代。他认为，最重要的不是生产峰值是否将在2015年或2020年到来，而是向市场供应新的石油会变得越来越困难和昂贵。与过去一个半世纪相比，如今新发现的油田要么更小，要么在技术上更具挑战性，或者两者兼具。在这些地方生产原油本身就需要消耗大量的能源，同时把石油从这些更偏远的地方运出来成本也会更昂贵。

鲁宾指出，油价将随着世界经济的复苏再次飙升。从长远来看，不但中国、印度等发展中大国的油耗会飙升，中东产油大国的经济发展也将使它们自身的石油消费水平接近西方。2008年在周期顶部油价曾上探每桶近150美元，下一个周期油价可能达到200美元，再下一个周期可能还要高。2009年3月，油价约为每桶40美元，到11月已经到70美元，在此期间经济只是出现了一些复苏的迹象而已。

五、高碳排放导致地球"高烧"

人类无节制地开采地球资源，高碳排放造成了可怕的温室效应。

由于温室效应，全球暖化，两极冰川、雪山和太平洋海岛危在旦夕……目前世界有十大濒危景点催生"末日旅游"。近期，英国报纸评出世界十大濒危景点，它们分别是南极洲、坦桑尼亚的非洲最高峰乞力马扎罗山、北极冰帽、马尔代夫、意大利水城威尼斯、美国阿拉斯加、澳洲大堡礁、奥地利的基茨比厄尔、加拉帕戈斯群岛及南美阿根廷的巴塔哥尼亚。不少旅行社纷纷建议出境游客趁机造访这些景点，赶在珍贵的自然景观消失之前看上最后一眼。于是，一种新的旅游项目——"末日景点旅游"开始悄然兴起。人们在休闲旅游的同时，也承受着地球生态"末日"的悲哀。

1. "人间最后的乐园"马尔代夫将不复存在

马尔代夫由露出水面的大大小小千余个珊瑚岛组成。那里有蓝绿色的海水、洁白的沙滩和豪华的度假村酒店，被誉为印度洋上人间最

后的乐园。该岛面临的威胁是：海平面上涨，这个包含近1000多个小岛屿、被誉为"人间最后的乐园"的印度洋岛国将在100年内变得无法居住。

2009年10月，马尔

马尔代夫

代夫在海底召开内阁会议，呼吁国际社会关注全球气候暖化造成海水上升，威胁到马尔代夫的生死存亡。对平均海拔只有1.5米高的印度洋岛国马尔代夫来说，气候变化关乎它的生死。根据科学家最新发布的研究报告，如果全球变暖的趋势以目前的速度持续下去，那么这个印度洋岛国将在21世纪消失。科学家预测，如果地球表面温度以现在的速度继续升高，到2050年，南北极的冰山、冰川将大幅度融化，导致海平面大大上升，除一些岛屿国家外，许多国家的沿海城市将可能淹没于水中，其中包括几个著名的国际大城市，如纽约、东京、悉尼、上海等。

2.北极冰盖在融化

北极地区的气候终年寒冷。冬季太阳始终在地平线以下，大海完全封冻结冰。夏季积雪融化，表层土解冻，植物生长开花，为驯鹿和麝牛等动物提供了食物。北极地区是世界上人口最稀少的地区之一。全球变暖导致了北极冰山和冰盖的消融，并严重威胁北极熊等北极"居民"的栖息地。

科学家们预计，地球"顶点"北极90度的冰川融化速度在加剧。还有消息说，到北极中心点附近旅游的人曾拍到海水湖泊的照片，这些都成为全球气候变暖危机最令人担忧的例证。但许多北极专家预测，北极冰川在近年夏天全部融化的可能性大于50%。因为北极地区那些多年前形成的非常厚重的冰层如今都已经融化或漂移了，剩下的都是一些"年龄"不到1岁的厚度非常薄的冰川，这些冰川在夏季非常脆弱，而且卫星数据表明，它们的融化速度前所未有。

3.澳大利亚的大堡礁将失去色彩

绵延于澳大利亚东北海岸线2000余千米的大堡礁是全球最大的活体珊

不可再生的资源

澳大利亚大堡礁

瑚礁群、世界七大自然景观之一。这片丰富而宁静的海底生物乐园，1979年被辟为海洋公园，1981年被联合国教科文组织指定为世界遗产。珊瑚礁为世上唯一在本质上属于生物性的地形，由众多珊瑚虫所组成。全球变暖导致的水温上升令色彩斑斓的珊瑚礁群面临被"漂白"的危险。专家预言，到2050年，95%的活珊瑚礁将被杀死。

4.南极大陆冰层融化的速度在加快

通过对卫星传感器收集的图像进行分析，科学家确认，在2005年，南极大陆西部的许多地区表层冰雪融化速度加快。这一现象不仅发生在海岸地区，还深入到距海岸900千米处接近南极点的地区。此外，融冰高度已达海拔2000米以上。这是到目前为止通过卫星传感器首次发现的大规模冰层融化现象。科学家认为，冰层融化加快主要是由于气温升高所致。

冰川学家卡萨萨指出，南极冰层加速融化是受近几年全球变暖的直接影响。这种趋势如果继续下去，会导致冰层融化速度加快，造成冰川加速漂移等后果。

5.冰雪如何影响气候

地球上冻成冰的水并不只是进入冬季北方的几场降雪，也不仅仅是遥远的南极终年不化的冰层。事实上，自然界的固态水以不同形式存在于地球上，被统称为冰雪圈或冰冻圈。

冰雪圈虽是气候的产物，但一经生成，又对气候有重要的反馈作用。一是通过冰雪的反射率和冰川融化起作用，干净冰雪的反射率比土和水大得多，对大气运动起到冷却的作用，冰雪圈在融化时要吸收大量热能，每年到达地面的太阳能大约有30%消耗于冰雪圈中，这对以能量平衡为基础的气候模式有重要影响。二是通过水循环影响气候，当全球变暖时，冰川和冰盖融化促使海平面上升，海洋面积扩大，蒸发增加，由

南极冰山

环保进行时丛书
HUANBAO JINXING SHI CONGSHU

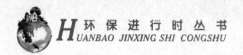
于海洋上水汽输送到陆地，使降水也相应增加，形成以洪灾为主的一系列灾害。

由此可以看出，地球的确在变暖甚至"发烧"。而造成这些的罪魁祸首就是促使地球变暖的温室效应。

不可再生的资源

第三章

新时代的引擎——太阳能

一、太阳能的优势

大自然的恩赐——太阳能

太阳，自古以来，人们把它当作神顶礼膜拜，因为它带给人类光明和温暖。千百年来，人们用多少诗和歌来赞美它、颂扬它。进入21世纪，由于能源短缺，人们开始想到太阳的巨大能量。

太阳是离地球最近的一颗恒星，是太阳系的中心天体，它的质量占太阳系总质量的99.865%。太阳也是太阳系里唯一发光的天体。它不断地给地球带来光和热。如果没有太阳光的照射，地面的温度会很快降低到接近绝对零度。由于太阳光的照射，地面平均温度保持在14℃左右，形成人类和绝大部分生物生存的条件。

太阳是一个主要由氢和氦组成的炽热的气体火球，半径为$96×10^5$千米，质量约为地球质量的33万倍，平均密度约为地球的1/4。太阳表面的有效温度为5000摄氏度，中心区域则高达1500万摄氏度。太阳的能量主要来源于氢聚变成氦的聚变反应。这些能量以电磁波形式，穿越太空射向四面八方。地球接受太阳总辐射的22亿分之一，其能量相当于全世界发电量的几十万倍。

可以说，太阳的能量是取之不尽、用之不竭的。太阳能还以其储量的"无限性"、存在的普遍性、开发利用的清洁性，以及逐渐显露出的经济性等优势，受到广泛重视。其开发利用是最终解决能源短缺、环境污染和

不可再生的资源

温室效应等问题的有效途径，是人类理想的替代能源。

人类对太阳能的利用有着悠久的历史。我国早在2000多年前的战国时期就知道利用铜制四面镜聚焦太阳光来点火，利用太阳能干燥农副产品。

两千多年前的古希腊，出了一个伟大的数学家及科学家——阿基米德。他在众多科学领域做出突出贡献，赢得同时代人的高度尊敬；同时，他又是世界上第一个利用太阳能作为武器，大败敌军的天才。

传说事情发生在公元前215年，古罗马帝国派出强大的海军，在马塞拉斯率领下，乘战舰攻打古希腊名城叙拉古。

小小的叙拉古城，怎能抵挡来势汹汹的古罗马大军。当罗马舰队浩浩荡荡攻城时，国王和百姓都着了慌。人们把希望寄托在居住在岛上的阿基米德身上。当时，年过古稀的阿基米德，虽然没有绝世的武功，却有聪明的头脑。人们请求阿基米德运用他的非凡智慧，找到败敌之术。

留着大胡子的阿基米德，这位科学巨匠深知太阳能的威力。他挺身而出，发动全城妇女拿着锃亮的铜镜来到海岸边。在烈日下，阿基米德拿起一面镜子，让

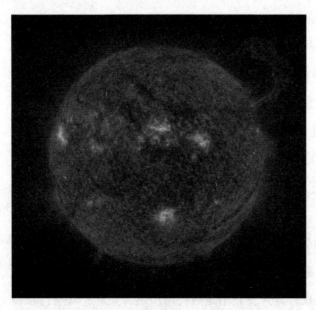

太阳

它反射的太阳光恰好射到敌舰的帆上，高喊："让镜子的反射光照到这里！"不计其数的妇女学着阿基米德的样子，一起用镜子把太阳光集中反射到船帆上。顿时，敌舰起火，不可一世的罗马海军大败而归。物理学家阿基米德利用凹面镜的聚光作用，把阳光集中到一点，烧毁罗马战船，取得胜利。这是人类利用太阳能的创新和实验。

随着时代发展，到现代，太阳能利用日益广泛。它包括太阳能的光热利用、太阳能的光电利用和太阳能的光化学利用等。

太阳能开发利用的优点和难点

太阳能开发的优点

1.储量的"无限性"

太阳能是取之不尽的可再生能源，可利用量巨大。一年内到达地球表面的太阳能总量是目前世界主要能源探明储量的1万倍。太阳的寿命至少有40亿年，相对于人类历史来说，源源不断供给地球能量的时间可以说是无限的。相对于常规能源的有限性，太阳能具有储量的"无限性"，取之不尽，用之不竭。开发利用太阳能，将是人类解决常规能源匮乏、枯竭的最有效途径。

2.存在的普遍性

由于纬度不同，气候条件差异，造成太阳能辐射不均匀，但相对其他能源来说，太阳能对于地球上绝大多数地区具有存在的普遍性，可就地取用，无须开采和运输，没有所有权限制，为常规能源缺乏的国家和地区就地解决能源问题提供美好前景。

不可再生的资源

3.利用的清洁性

太阳能像风能、潮汐能等洁净能源一样，几乎不产生任何污染，是理想的替代能源。

4.利用的经济性

一是太阳能取之不尽，用之不竭，接收太阳能时不征收任何"税"，可以随地取用；二是在目前的技术发展水平下，有些太阳能利用已具经济性。如太阳能热水器一次投入较高，但使用过程不耗能，具有很强的竞争力。随着技术突破，太阳能利用的经济性将会更明显。

太阳能开发利用的难点

1.分散性

利用太阳能发电时，需要一套面积巨大的能追捕太阳光的收集和转换设备，造价较高，占地面积较大，一般选择沙漠等空旷地方，给输电和维修带来一定困难。

2.不稳定性

晴、阴、云、雨等随机因素的影响，给太阳能的大规模应用增加难度。蓄能是太阳能利用中较为薄弱的环节之一。若能做到晴天蓄能阴天用，就会大大促进

沙漠中的电站

太阳能的开发利用工作。

3.效率低和成本高

太阳能利用装置因为转换效率偏低，成本较高，还不能与常规能源竞争，进一步发展受到制约。

 ## 二、太阳能发展的脚步

石油危机——太阳能的机遇

自从石油在世界能源结构中担当主角之后，石油就成了左右经济和决定一个国家发展和衰退的关键因素。1973年10月爆发中东战争，石油输出国组织采取石油减产、提价等办法，支持中东人民的斗争，维护本国利益，使那些依靠从中东地区大量进口廉价石油的国家遭到沉重打击。于是，西方一些人惊呼：世界发生能源危机。这次危机使人们认识到：现有能源结构必须彻底改变，应加速向未来能源结构过渡。许多国家，尤其是工业发达国家，重新加强对太阳能及其他可再生能源技术发展的支持，在世界上再次兴起开发利用太阳能热潮。

1973年，美国制订政府级阳光发电计划，太阳能研究经费大幅度增长，成立太阳能开发银行，促进太阳能产品商业化。日本在1974年公布政府"阳光计划"，其中太阳能研究开发项目有：太阳房、工业太阳能系统、太阳热发电、太阳电池生产系统、分散型和大型光伏发电系统等。为实施这一计划，日本政府投入大量人力、物力和财力。

不可再生的资源

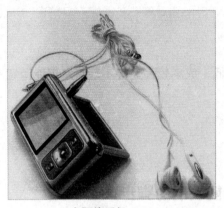

太阳能手机

20世纪70年代初世界上出现的开发利用太阳能热潮，对我国产生巨大影响。一些有远见的科技人员纷纷投身太阳能事业，积极向政府有关部门提建议，出书办刊，介绍太阳能利用动态，推广应用太阳灶，研制开发太阳能热水器。

1975年，在河南安阳召开"全国第一次太阳能利用工作经验交流大会"，进一步推动我国太阳能事业。这次会议之后，太阳能研究和推广工作纳入政府计划，获得专项经费和物资支持。一些大学和科研院所纷纷设立太阳能课题组和研究室，有的地方筹建太阳能研究所。

各国制订的太阳能发展计划普遍存在要求过高、过急问题，对实施过程中的困难估计不足，希望在较短时间内取代矿物能源，实现大规模利用太阳能。例如，美国曾计划在1985年建造一座小型太阳能示范卫星电站，1995年建成一座500万千瓦空间太阳能电站。这一计划后来调整，空间太阳能电站至今还未升空。

比较实用的太阳热水器、太阳电池等产品开始实现商业化，太阳能产业初步建立，但规模较小，经济效益尚低。

石油降价严重打击太阳能开发的积极性

20世纪70年代兴起的开发利用太阳能热潮，进入80年代后不久开始落潮，逐渐进入低谷。世界上许多国家相继大幅度削减太阳能研究经费，其中美国最为突出。导致这种现象的主要原因是：世界石油价格大幅度回落，而太阳能产品价格居高不下，缺乏竞争力；太阳能技术没有重大突破，提高效率和降低成本的目标没有实现，以致动摇一些人开发利用太阳能的信心；核电发展较快，对太阳能发展起到一定的抑制作用。

受80年代国际太阳能低落的影响，我国太阳能研究工作一度削弱。有人甚至提出，太阳能利用投资大，效果差，贮能难，占地广，是未来能源，外国研究成功后，我国可以引进技术。持这种观点的人是少数，但十分有害，对我国太阳能事业发展造成不良影响。这一阶段，太阳能开发研究经费大幅度削减，但研究工作并未中断，有的项目进展较大，而且促使人们认真地审视以往的计划和目标，调整工作重点，争取以较少的投入取得较大的成果。

谁来拯救地球、拯救人类

由于温室效应，地球在发烧。由于大量燃烧矿物能源，造成全球性环境污染和生态破坏，对人类生存和发展构成威胁。在这种背景下，1992年联合国在巴西召开"世界环境与发展大会"，会议通过了《里约热内卢环境与发展宣言》和《联合国气候变化框架公约》等一系列重要文件，把环境与发展纳入统一的框架，确立可持续发展模式。这次会议之后，世界各国加强清洁能源技术开发，将利用太阳能与环境保护结合在一起，使太阳能利用的研究工作走出低谷。

世界环境与发展大会之后，我国政府对环境与发展十分重视，提出10条对策和措施，要"因地制宜地开发和推广太阳能、风能、地热能、潮汐能、生物质能等清洁能源"，制定了《中国21世纪议程》，进一步明确太阳能为重点发展项目。

1996年，联合国在津巴布韦召开"世界太阳能高峰会议"，发表《哈

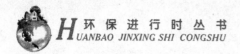
不可再生的资源

拉雷太阳能与持续发展宣言》，讨论了《世界太阳能10年行动计划》、《国际太阳能公约》、《世界太阳能战略规划》等重要文件。这次会议进一步表明联合国和世界各国对开发太阳能的决心，要求全球共同行动，广泛利用太阳能。1992年以后，世界太阳能利用进入稳定发展时期，其特点是：太阳能利用

太阳能热水器

与可持续发展和环境保护紧密结合，全球共同行动，为实现世界太阳能发展战略而努力。

通过以上回顾可知，近100年间太阳能发展道路并不平坦，一般每次高潮期后会出现低潮期，低潮时间大约45年。太阳能利用的发展历程与煤、石油、核能完全不同，人们对其认识差别大，反复多。这一方面说明太阳能开发难度大，短时间内很难实现大规模利用；另一方面，说明太阳能利用还受矿物能源供应，政治和战争等因素的影响，发展道路比较曲折。尽管如此，从总体看，20世纪取得的太阳能科技进步仍比以往任何一个世纪都大。

21世纪后期太阳能将占主导地位

尽管太阳能开发存在一些弱点，发展道路曲折，但世界各国专家仍看好它。目前，太阳能利用仅在世界能源消费中占很小一部分。如果说20世纪是石油世纪的话，那么，21世纪则是可再生能源世纪，也是太阳

能世纪。

专家估计，如果实施强化可再生能源发展战略，到21世纪中叶，可再生能源可占世界电力市场的3/5、燃料市场的2/5。在世界能源结构转换中，太阳能将会处于突出位置。

美国一项研究表明，太阳能将在21世纪初进入一个快速发展阶段，并在2050年左右达到使用能源的30%的比例，次于核能居第二位，21世纪末，太阳能将取代核能居第一位。

太阳能路灯

壳牌石油公司经过长期研究得出结论，21世纪的主要能源是太阳能。日本经济企划厅和三洋公司合作研究，更乐观地估计，到2030年，世界电力生产的一半依靠太阳能。

正如世界观察研究所报告所指：正在兴起的"太阳经济"将成为未来全球能源的主流，成为全球发展最快的能源。

我国太阳能资源利用状况

根据接受太阳辐射总量，可将我国划分为5类地区。

一类地区 为太阳能资源最丰富地区。包括宁夏北部、甘肃北部、新疆东部、青海西部和西藏西部等。以西藏西部的太阳能资源最为丰富，最高达2333千瓦·h/m^2，居世界第二位，仅次于撒哈拉大沙漠。

二类地区 为太阳能资源较丰富地区。包括河北西北部、山西北部、内蒙古南部、宁夏南部、甘肃中部、青海东部、西藏东南部和新疆

南部等。

三类地区 为太阳能资源中等类型地区。主要有山东、河南、河北东南部、山西南部、新疆北部、吉林、辽宁、云南、陕西北部、甘肃东南部、广东南部、福建南部、苏北、皖北、台湾西南部等。

四类地区 是太阳能资源较差地区。包括湖南、湖北、广西、江西、浙江、福建北部、广东北部、陕西南部、江苏北部、安徽南部以及黑龙江、台湾东北部等。

五类地区 主要有四川、贵州两省，是太阳能资源最少地区，年太阳辐射总量3350~4200米J／㎡，日辐射量2.5~3.2 千瓦·h／㎡。

 ## 三、太阳能——未来能源发展的主力军

目前，在国际社会公认的可规模开采的新能源中，太阳能因取之不尽、用之不竭。无污染、无运输、无垄断、无采购成本等一系列优点，被誉为最理想的能源，并成为常规能源的最佳替代品。在同样亮度下，太阳能LED灯用电量仅为白炽灯的1／10，寿命却是白炽灯的10倍，因此，占人类消耗电力总量20%的照明系统面临重大的技术改革。只要有一半的白炽灯被太阳能灯取代，每年就能为国家节省用电近1000亿度，这才是真正意义上的绿色照明。

近两年来，世界主要发达国家都把利用太阳能等新能源作为国家能源替代策略。2007年下半年太阳能发电已经被许多发达国家列入与火电、水电、风电和核电等并列的主要电力能源，这预示着人类大规模利用太

阳能发电的开始。2008年，全球新增太阳能发电装机容量达59.5亿千瓦，比2007年增长了110%，其中新增量的近九成被欧美国家占有。

太阳能汽车

作为能源消耗大国，中国目前的太阳能发电装机容量仅为发电总装机容量的万分之一，处于行业发展的初始阶段。2004年以来，在国际光伏市场的强大需求拉动下，我国光伏产业迅速发展，2006年年底光伏电池生产能力达到1645兆瓦，全年生产光伏电池500兆瓦，占全世界产量的10%以上，仅次于日本和欧洲。但是，目前我国太阳能行业产值仅有300亿元的规模，且这些产值还是由6000

山东的太阳能小区

家以上的企业共同创造的。而国家《可再生能源中长期发展规划》表示，太阳能发电装机总容量在2010年达到30万千瓦，2020年达到180万千瓦。据此，有业内机构乐观地预计，随着成本的不断降低、效率的不断提高、政府补贴的到位，太阳能发电产业将迎来长期、爆发式的增长，未来发展的空间十分巨大。

譬如无锡尚德太阳能有限公司，目前在全球太阳能发电光伏电池市场排名第三，拥有多项全世界领先的太阳能发电技术专利。尚德电力2005年12月在美国纽交所成功上市，市值曾一度突破100亿美元，公司董事长兼CEO施正荣本人也在2006年被《福布斯》评为中国首富。2008年尚德电力实现产品500兆瓦，纳税销售收入超过19亿美元。除无锡总部外，尚德目前在美国、日本和欧洲都设有子公司。

对于太阳能发电的前景，施正荣认为，尽管目前太阳能发电的成本还相对较高，但随着技术的成熟和产业链的完善，太阳能发电的成本会降低到1元钱1度电以下，相比核能等发电方式优势明显。他还表示，整个人类的文明有5000年的历史，但实际上有4800年都在使用可再生能源，只有在最近200年人类才开始使用化石类的不可再生能源，结果是给地球环境造成了严重破坏，让人类生存面临着全球变暖、能源与资源危机。"使用太阳能发电，是我们要向祖先学习，让可再生能源回归。"面对巨大的市场，谁先开发利用太阳能，谁就掌握了未来发展的主动权，谁就能在竞争中赢得先机。

四、太阳能让生活更美好

太阳能热水系统

早期广泛的太阳能应用即用于将水加热，现今全世界已有数千万台太阳能热水装置。太阳能热水器是用太阳的能量将水从低温度加热到高温度的装置，是一种热

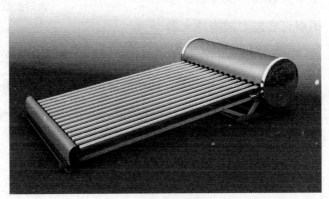

太阳能热水器

能产品。按照循环方式，太阳能热水系统可分为两种：

1.自然循环式

储水箱置于收集器上方。水在收集器中接受太阳辐射加热，温度上升，致使收集器及储水箱中水温不同而产生密度差，因此引起浮力。热虹吸现象促使水在储水箱及收集器中自然流动。由于密度差的关系，水流量与收集器的太阳能吸收量成正比。此种型式不需循环水，维护甚为简单，已被广泛采用。

2.强制循环式

热水系统用水泵使水在收集器与储水箱之间循环。当收集器顶端水温高于储水箱底部水温若干度时，控制装置启动水泵使水流动。水入口处设

不
可
再
生
的
资
源

有止回阀，以防止逆流，引起热损失。大型热水系统或需要较高水温，选择强制循环式。

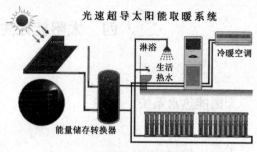

光速超导太阳能取暖系统

淋浴

生活热水

冷暖空调

能量储存转换器

太阳能取暖示意图

世界各国对太阳能利用十分重视。30年前，德国制订安装太阳能热水器的"千顶计划"，日本有"朝日计划"，美国有"百万屋顶计划"。以色列的屋顶80%安装热水器，规定新建房屋必须安装太阳能热水器。

中国虽然起步较晚，但发展极快。到2007年，中国太阳能热水器产销量已占世界第一。

太阳能暖房

太阳能暖房在寒冷地区使用多年。寒带冬季气温甚低，室内必须有暖气设备，欲节省化石能源，需应用太阳辐射热。常用的暖房系统为太阳能热水装置，将热水通至储热装置中，然后利用风扇将室内或室外空气驱至储热装置中吸热，再把热空气传送至室内；或利用另一种液体，输送到储热装置中吸热后，流经室内，再用风扇强制加热空气，达到暖房效果。实际上是一种热风空调。

太阳能发电

1.光热电间接转换——太阳能锅炉发电

太阳能聚热发电系统实际上是用太阳能锅炉代替燃煤锅炉产生蒸汽发电。它通常由两部分组成：收集太阳能并转变成热能，转换热能成电能。

利用大规模列阵抛物或碟形镜面收集太阳热能，通过换热装置提供蒸汽，结合传统汽轮发电机工艺，可以大大降低太阳能发电的成本。这种形式的太阳能利用还有一个优势，即太阳能所烧热的水可以储存在容器中，在太阳落山后几个小时内仍然能够带动汽轮机发电。

太阳能发电的缺点是效率低而成本高，投资至少比普通火电站贵5倍。一座1000兆瓦的太阳能热电站需要投资20亿～25亿美元，平均每千瓦2000～2500美元，目前只能小规模地应用于特殊场合，大规模利用很不合算，还不能与火电站或核电站竞争。

20世纪70年代的石油危机，促使美国能源部在80年代中期组织太阳能热电站研究，并由桑地亚国立实验室和国立可再生能源实验室联合组成SUNTN实验室，负责商业化示范太阳能电站设计。在加州沙漠中，首批成功建设9座抛物镜太阳能聚热发电站，总装机354兆瓦。后来，太阳能发电站在美国西南部各州，以及西班牙、以色列、瑞士等国家迅速得到应用。不足之处是抛物镜占地面积太大，在土地资源紧张的地方建设有一定困难。对于老天爷馈赠的干净能源，世界各国专家仍在不断研究经济可行的方法，希望尽快扩大应用，造福人类。

2.光电直接转换技术——太阳能电池

太阳能电池发电原理　光——电直接转换方式是利用光电效应，将太阳辐射能直接转换成电能。光——电转换的基本装置就是太阳能电池。太阳能电池是一种P—N结半导体光电二极管，利用光生伏特效应将太阳能直接转化为电能。当太阳光照到半导体光电二极管上时，光电二极管就会把太阳的光能变成电能，产生电流。将许多个电池串联或并联起来，就可以成为有较大输出功率的太阳能电池方阵。

太阳能电池是一种大有前途的新型电源，它具有永久性、清洁性和灵

活性三大优点。太阳能电池寿命长，只要太阳存在，太阳能电池就可以一次投资而长期使用；与火力发电、核能发电相比，太阳能电池不会引起环境污染；太阳能电池可以大中小并举，大到百万千瓦的中型电站，小到只供一户用的太阳能电池组，这是其他电源无法比拟的。

五、国外太阳能利用和政策支持

美国：减税鼓励发展太阳能

从1978年起，美国联邦政府全力推动太阳能利用，对装设太阳能系统的住宅，补助50%的费用。1980年，美国财政部制定能源设备减税办法，凡是家庭购置太阳能系统，其购置、装设等费用的40%可减

太阳能房屋

免所得税，最高达4000美元。各州有其单独的减税办法，可以和联邦政府减税办法同时使用。

据报道，2007年美国在加利福尼亚州弗雷斯诺市近郊兴建世界最大的太阳能发电站。兴建的太阳能发电站约2.6平方公里，约为目前德国拥有的

世界最大太阳能发电站的7倍。该电站已于2011年建成，规模为80兆瓦，可满足2.1万户用电。建设如此大规模的太阳能发电站，会为能源产业带来巨大的影响。

欧盟：建筑能效法令严格

2002年，欧盟通过了建筑能效法令，要求成员国减少取暖、空调、热水和照明等方面的建筑能耗。这一法令主要内容包括：建筑能耗评价方法，新建建筑和既有建筑改造的最低建筑能耗要求；建造、出售或出租建筑时，须提供建筑能耗认证，定期检查锅炉和空调系统。

德国："向日葵"太阳能屋——节能环保典范

面对能源危机与环境污染两大严峻挑战，人类探索节能环保之路的步伐不断加速。在有"德国太阳能之都"美誉的小镇弗赖堡，建有不少能围绕太阳转动，有效收集能量的太阳能屋。

太阳能屋的设计者是拥有"太阳能建筑大师"之称的德国建设师罗尔夫·迪许。多年来，他一直致力于节能建筑的设计和建造，并于1995年在弗赖堡成功建造了第一座太阳能屋。同年，这座节能环保式建筑获德国年度建筑奖。

太阳能屋名为"向日葵"，来源于希腊语"太阳"和"转动"。这座建筑的独特之处在于它能随着太阳缓慢自转。这座房屋有4层，外观呈圆柱形。屋顶装有太阳能光电板，以最大角度对准太阳，即使在太阳倾角低的冬季，也能吸取足够热量。无论炎炎夏季还是严寒时节，没有暖气和空调设备的太阳能屋内都保持在15～25℃。

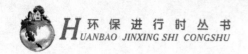

不
可
再
生
的
资
源

　　除有效收集太阳热量外，太阳能屋的节能和环保设计也十分突出。设计者在屋顶上安装光电转换装置，把太阳能转化成电能，解决了照明问题。房屋装有巨大的隔热窗，配置良好的通风系统，把浑浊的空气排出室外的同时，热量交换装置能把废气中的热量传递给流通至室内的新鲜空气，以保持室内温度。在一系列开源节流措施的带动下，太阳能屋产电量远远高于用电量。几个月内，太阳能屋发电量超过4000度，用电量仅为460度。

以色列把节能作为国家义务

　　以色列1980年颁布了强制安装太阳能热水器的法令，是实施强制法令最早的国家。该法令要求，任何低于27米的新建房屋必须安装太阳能热水系统。经过20多年的发展，目前住宅楼超过80%的屋顶被太阳能集热器覆盖，有巨大、稳定的太阳能热水器市场。主流产品是平板自然循环热水器。目前，80%的新增太阳能热水器用于更换旧的太阳能热水器。

澳大利亚：建筑——五星分级管理

　　2001年4月1日，澳大利亚联邦政府实施强制性可再生能源目标，要求可再生能源在电力消费量中占一定的比例，利用可再生能源者可获得可再生能源证书，通过证书获得补贴。根据该目标的要求，到2010年，可再生能源在电力消费量中的比例已增加2%，可再生能源已占电力总消费量的10%。政府推荐实施的建筑等级评定标准，将建筑分为5个等级，1星级建筑能源管理差，5星级建筑能源管理优秀。

　　政府要求新建建筑必须达到一定的建筑能耗水平，才能批准开工建设。虽然在多数标准和项目中，对采用何种节能技术没有强制性规定，但太阳能热水器在太阳能光照时间长、光照强度高的澳大利亚的多数地区已成为减少常规能源消耗、实现建筑节能的重要手段。

 六、性能优越的太阳能电池

太阳能电池是一种利用光生伏打效应把光能转变为电能的器件，又叫光伏器件。物质吸收光能产生电动势的现象，称为光生伏打效应。这种现象在液体和固体物质中都会发生。但是，只有在固体中，尤其是在半导体中，才有较高的能量转换效率。所以，人们又常常把太阳能电池称为半导体太阳能电池。

太阳能电池板

半导体材料的种类很多，按其化学成分，可分为元素半导体和化合物半导体；按其是否有杂质，可分为本征半导体和杂质半导体；按其导电类型，可分为N型半导体和P型半导体。此外，根据其物理特性，还有磁性半导体、压电半导体、铁电半导体、有机半导体、玻璃半导体、气敏半导体等。目前获得广泛应用的半导体材料有锗、硅、硒、磷化镓、锑化铟等，其中以锗、硅材料的半导体生产技术最为成熟，应用得最多。

太阳能电池发电利用了特定半导体材料的光伏效应。光与半导体的相互左右可以产生光载流子。当产生的电子空穴在半导体内形成的势垒分开到两极时，产生电势，称为光生伏打效应。当连上外接电路时，只要有足够的阳光照射，就能产生源源不断的电流。半导体光电器件应该满足以下两个条件。

①半导体材料对入射光有足够大的吸收系数，即入射光的能量应大于半导体的禁带宽度。吸收系数大，则光的透入深度就浅，所需材料就少，比如晶体硅需要200～300微米才能吸收太阳光谱中波长较长的光，而GaAs和非晶硅因为光吸收系数大，只需1微米，可以大大节约材料。

②半导体有光伏结构，必须要能形成内生电池对应的势垒。晶体硅太阳能电池掺杂磷和硼，形成P-N结，从而得到P-N结势垒。金属，半导体化合物能形成肖特基势垒。此外，还有异质结势垒等。基本的光伏原理和晶体硅太阳能电池类似。

太阳能电池的转换效率是衡量太阳能电池的关键指标。转换效率高低取决于电池材料的特性和整个系统的构架。

太阳能电池发电基于半导体材料的光伏效应，而由于半导体工业的飞速发展，硅材料成了最为普及的半导体材料，人类对于硅材料及其与其他材料相互作用的认识也达到了一个相当的高度。因此，硅基太阳能电池技术理所当然地成了最先发展，也是目前最为成熟、应用最广的太阳能光伏技术。硅基太阳能电池一直占全球太阳能电池产量的94%以上。

硅基薄膜、多元化合物薄膜、燃料敏化等形形色色的替代技术随之诞生。

薄膜太阳能技术光吸收系数高，因此所需原料远少于晶体硅技术；该技术生产工序能够实现连续化，相对于晶体硅技术的间歇操作，效率大大提高且易于规模化；能够生产大尺寸电池，有助于规模化生产。薄膜技术的优点都能帮助大幅度降低生产成本，因而被认为有可能将太阳能电池推向大众市场。特别是在目前多晶硅供应紧张、价格高的背景下，各国都加强了对薄膜太阳能电池的研究，期待能在下一代太阳能电池技术的竞赛中抢得先机。但目前的化合物薄膜都会用到稀有金属，原料的来源恐怕也是大规模生产后一个让人头疼的问题。

染料敏化TiO_2纳米电池材料来源丰富且廉价，并可使用纯度不高的材料，大大降低了成本，也被认为是一种较有希望的选择。

太阳能电池的应用

20世纪60年代，科学家们就已经将太阳能电池应用于通信供电。20世纪末，在人类不断自我反省的过程中，对于光伏发电这种清洁和直接的能源形式愈加重视，不仅在空间应用，在众多民用领域中

太阳能电池板材料：硅

也大显身手。如太阳能庭院灯、太阳能发电户用系统、村寨供电独立系统、光伏水泵、通信电源、石油输油管道阴极保护、光缆通信泵站电源、海水淡化系统、城镇路标、高速公路路标等。

欧美先进国家将光伏发电系统并入城市用电系统及边远地区自然村落供电系统。太阳能电池与建筑系统结合，已经形成产业化趋势。太阳能光伏玻璃幕墙将逐步代替普通玻璃幕墙。太阳能光伏玻璃幕墙具有反射光强度小、保温性能好等特点。用双玻璃光伏建筑组件建成光伏屋顶，面积93平方米，日发电量最高达到18千瓦，年

不可再生的资源

发电量平均达到5000千瓦，可以节省约1900千克标准煤，减少排放二氧化碳6吨，在节省常规能源和减少二氧化碳排放方面具有重要意义。

1980年，美国宇航局和能源部提出在空间建设太阳能发电站的设想，准备在同步轨道上放一个长10千米、宽5千米的大平板，上面布满太阳能电池，可提供500万千瓦电力。这需要解决向地面无线输电问题。现已提出微波束、激光束等输电方案。目前已用模型飞机实现短距离、短时间、小功率的微波无线输电，但离实用还有漫长的路程。

太阳能电池分类　根据所用材料不同，太阳能电池可分为硅电池、多元化合物薄膜电池、聚合物多层修饰电极型电池、纳米晶体电池4类，其中硅太阳能电池发展最成熟，在应用中居主导地位。

(1)硅太阳能电池

硅太阳能电池分为单晶硅电池、多晶硅薄膜电池和非晶硅薄膜电池3种。

单晶硅太阳能电池转换效率最高，技术最为成熟，实验室最高转换效率为23%，规模生产效率为15%，在大规模应用和工业生产中占据主导地位。由于单晶硅成本高，需发展多晶硅薄膜和非晶硅薄膜作为单晶硅电池的替代产品。多晶硅薄膜电池与单晶硅比较，成本低廉，效率高于非晶硅薄膜电池，实验室转换效率最高为18%，工业规模生产效率为10%。因此，多晶硅薄膜电池不久将会在太阳能电池市场占据主导地位。非晶硅薄膜太阳能电池成本低，重量轻，转换效率较高，便于大规模生产，潜力极大。但其受制于材料引发的光电效率衰退效应，稳定性不高，直接影响实际应用。如果进一步解决稳定性问题及提高转换率问题，那么，非晶硅太阳能电池无疑是太阳能电池主要发展产品之一。

(2)多元化合物薄膜太阳能电池

多元化合物薄膜太阳能电池材料为无机盐，主要包括砷化镓Ⅲ-Ⅴ族化合物、硫化镉及铜铟硒薄膜电池等。硫化镉、碲化镉多晶薄膜电池的效率较非晶硅薄膜太阳能电池高，成本较单晶硅电池低，易于大规模生产。由于镉有剧毒，会对环境造成严重污染，并不是晶体硅太阳能电池理想的替代产品。

砷化镓化合物电池的转换效率可达28%。GaAs化合物材料具有较高的吸收效率，抗辐照能力强，对热不敏感，适合于制造高效单结电池。GaAs材料价格不菲，限制了GaAs电池的普及。

铜铟硒薄膜电池适合光电转换，不存在光效衰退问题，转换效率和多晶硅一样。该电池具有价格低廉、性能良好和工艺简单等优点，将成为发展太阳能电池的重要方向。唯一问题是材料来源，铟和硒都是稀有元素，发展必然受到限制。

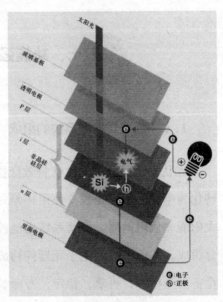

太阳能电池发电原理

(3)聚合物电极型太阳能电池——可卷曲的电池。

以有机聚合物代替无机材料，是太阳能电池的研究方向。有机材料柔性好，制作容易，材料来源广泛，成本低，从而对大规模利用太阳能、提供廉价电能具有重要意义。以有机材料制造太阳能电池的研究刚刚开始，不论是使用寿命还是电池效率，都不能和无机材料，特别是硅电池相比。

能否发展成为具有实用意义的产品，有待于进一步探索。

(4)纳米晶体太阳能电池　纳米TiO_2晶体化学能太阳能电池是新近开发的，优点在于廉价的成本、简单的工艺和稳定的性能。其光电效率稳定在10%以上，制作成本仅为硅太阳电池的$1/10\sim1/5$，寿命达到20年以上。此类电池的研究和开发刚刚起步，不久的将来一定会走上市场。

七、功能强大的光伏发电设备

1.太阳能光伏发电系统的组成

光伏发电是根据光生伏特效应原理，利用太阳能电池将太阳光能直接转化为电能。不论是独立使用还是并网发电，太阳能光伏发电系统主要由太阳能光伏电池组、光伏系统电池控制器、蓄电池和交直流逆变器四大部分组成。它们主要由电子元器件构成，不涉及机械部件，所以，光伏发电设备极为精炼、可靠、稳定、寿命长、安装维护简便。理论上讲，光伏发电技术可以用于任何需要电源的场合，上至航天器，下至家用电源，大到兆瓦级电站，小到玩具，光伏电源无处不在。

太阳能光伏发电系统的核心元件是光伏电池组和控制器。各部件在系统中的作用如下。

光伏电池，提供光电转换之需。

控制、作用于整个系统的过程控制。光伏发电系统中使用的控制器类型很多，如两点式控制器、多路顺序控制器、智能控制器、大功率跟踪充电控制器等，我国目前使用的大都是简单设计的控制器，智能型控制器仅用于通信系统和较大型的光伏电站。

蓄电池是光伏发电系统中的关键部件，用于存储从光伏电池转换来的电力。目前我国还没有用于光伏系统的专用蓄电池，而是使用常规的铅酸蓄电池。

交直流逆变器的功能是交直流转换，因此这个部件最重要的指标是可靠性和转换效率。并网逆变器采用最大功率跟踪技术，最大限度地把光伏电池转换的电能送入电网。

太阳能发电系统组成

光伏发电的优点有以下几个。

①不受地理位置限制，无须消耗燃料，无机械转动部件，建设周期短，规模大小随意。

②安全、可靠，无污染，无噪声，环保美观，故障率低，寿命长。

③拆装简易、移动方便、工程安装成本低，可以方便地与建筑物相结合，无须预埋、架高输电线路，可免去远距离铺设电缆时对植被和环境的破坏和工程费用。

④广泛应用于各种照明电器上，非常适用于乡村、山头、海岛、高速公路等偏僻地方的电子电气设备和照明上。

2.太阳能光伏电池板

太阳能光伏发电的最基本元件是太阳能电池，有单晶硅、多晶硅、非晶硅和薄膜电池等。目前，单晶硅和多晶硅电池用量最大，非晶硅电池用于一些小系统和计算器辅助电源等。

1839年，法国物理学家A.E. Becquerel在实验室中发现液体的光生伏特效应。由单晶硅做成的P—N结光伏电池是光电转换效率很高的一种材料。用单晶硅做成类似二极管中的P—N结工作原理和二极管类似，只不过在二极管中，推动P—N结空穴和电子运动的是外部电场，而在太阳能电池中推动和影响P—N结空穴和电子运动的是太阳光子和光辐射热，也就是通常所说的光生伏特效应原理。目前光电转换的效率，也就是光伏电池效率大约是单晶硅13%～15%，多晶硅11%～13%。目前最新的技术还包括光伏薄膜电池。

单体太阳能电池不能直接作为电源使用。在实际应用时，是按照电性能的要求，将几十片或上百片单体太阳能电池串、并联接起来，经过安装，组成一个可以单独作为电源使用的最小单元，即太阳能电池组件。太阳能电池方阵则是由若干个太阳能电池组件串、并连接而排列成的阵列。这种由一个或多个太阳能电池片组成的太阳能电池组件也称为光伏组件。目前，光伏发电产品主要用于三大方面。一是为无电场合提供电源，主要为广大无电地区居民生活生产提供电力，还有微波中继电源、通信电源等，另外，还包括一些移动电源和备用电源；二是太阳能日用电子产品，如各类太阳能充电器、太阳能路灯和太阳能草坪灯等；三是并网发电，这在发达国家已经大面积推广实施。我国并网发电正在起步阶段。

3.晶体硅太阳能电池组件产业链

硅是我们这个星球上储藏最丰富的材料之一。自从19世纪科学家们发现了晶体硅的半导体特性后，它几乎改变了一切，甚至人类的思维。20世纪末，我们的生活中处处可见硅的身影和作用，晶体硅太阳能

太阳能发电电池组

电池是近15年来形成产业化最快的领域。

晶体硅太阳能电池的制作过程大致可分为五个步骤：(1)提纯过程；(2)拉棒过程；(3)切片过程；(4)制电池过程；(5)组件封装过程。

太阳能发电的产业链条包括上游的多晶硅生产，中游的硅片切割和太阳能电池片生产以及下游的太阳能电池组件生产。

光伏发电具有无污染、安全、寿命长、维护简单、资源永不枯竭等特点，是名副其实的绿色电力。随着世界范围内能源的短缺以及人们环保意识的增强，太阳能被认为是21世纪最重要的新能源。而作为整个光伏产业的核心，光伏发电在持续的技术进步和逐步完善的法规政策的强力推动下快速发展。以太阳电池的年生产量为例，过去10年的年平均增长率为37%，最近5年的年平均增长率为45%。

从世界各国和地区太阳能电池产量及占比来看，日本、欧洲和美国的产量居前三位，约占世界总量的80%以上。

第三章　新时代的引擎——太阳能

不可再生的资源

截至2005年底，世界光伏发电的总装机容量超过6吉瓦。德国近年受政府推动明显，迅猛发展，超过日本，成为全球第一大光伏市场。德国在2004年光伏市场份额为39%，第一次超过日本成为世界最大的光伏市场。整个欧洲、日本、美国和世界其他部分市场份额分别为47%、30%、9%和14%。世界光伏产业和市场发展的另一个突出特点是：光伏发电在能源中的替代功能愈来愈大，主要表现在并网发电的应用比例增加非常快。

21世纪前半期是人类能源结构发生根本性变革的时期，在这个变革过程中可再生能源将逐渐替代常规化石燃料能源。从世界上许多国家和机构根据常规化石燃料消耗和枯竭速度以及社会总能耗需求的增加程度，可以得出可再生能源替代常规化石燃料的基本一致的预测结果。

从长远来看，尽管可再生能源是人类未来最重要的能源，但如果没有法规和政策的强力推动，大多数可再生能源的自然发展是远远达不到上述要求的替代速度的。这表明世界能源的替代和可持续发展的形势是十分严峻甚至是残酷的。

未来可再生能源在总能源结构中的占比和太阳能光伏发电在世界总电力供应中的占比都会逐步增长是大势所趋。根据欧洲联合研究中心的预测，到2030年可再生能源在总能源结构中占到30%以上，太阳能光伏发电在世界总电力的供应中达到10%以上；2040年可再生能源在总能源结构中占50%以上，太阳能光伏发电将占总电力的20%以上；到21世纪末可再生能源在能源结构中占到80%以上，太阳能发电占到60%以上。

第四章

新时代的引擎——风能

一、走近风能

风是什么？风从哪儿来？风可以为我们做什么？

由于地面各处受太阳照射后气温变化不同和空气中水蒸气的含量不同，引起了各地气压的差异，使得高压空气向低压地区流动，就形成了风。简而言之，风就是流动着的空气。如同我们常常把流动着的水叫水流，流动着的电荷叫电流一样，我们也可以给风另外取个名字，叫气流。只是通常把地球表面这些小规模小强度的气流叫风而已。

就像把一片静止的树叶放到水流中，我们看到树叶会随着水流动起来一样，风也可以把它流动方向上的物体吹动，我们利用这样的原理来使风筝升上天。从能量的角度来讲，无论是流动的空气也好，流动的水也好，它们都具有动能，这种动能可以转换成其他的能量，如风筝的重力势能、风车的动能、水车的动能等等，所以风是一种能源。

从风的形成来看，只要有太阳，风就可以不断再生，风能属于可再生资源。风能资源很丰富，不会随着其本身的转化和人类的利用而日趋减少。与天然气、石油相比，风能不受价格的影响，也不存在枯竭的威胁；与煤相比，风能没有污染，是清洁的能源；最重要的是风能发电可以减少二氧化碳等有害排放物。

但是，风是一种动态形式，不能直接储存起来，只能转化成其他可以储存的能量才能储存或是转换成能直接为我们所用的能源。风能可以被转化成机械能、电能、热能等，以实现泵水灌溉、发电、供热、风帆助航等功能。而目前风能的主要利用是以风能作动力和风力发电两种形式，其中又以风力发电为主。

　　风能有它的优势，但也有它不足的地方。风能资源受地形的影响较大，世界风能资源多集中在沿海和开阔大陆的收缩地带，如美国的加利福尼亚州沿岸和北欧一些国家，中国的东南沿海、内蒙古、新疆和甘肃一带风能资源也很丰富。其次，风单位体积携载的能量小，对采集风能来进行转换的设备技术要求高，花钱也比较多，这些正是我们利用风能需要去努力克服的因素。

看不见，摸不着的风

　　虽然风看似很难捉摸，其实它也是有一定规律可循的。从风能的特点看，了解各地的风能情况是有效利用风能的首要工作，下面给大家介绍几个和风相关的概念。

　　地球上某一地区风能资源的潜力是以该地的风能密度及可利用小时数来表示。在风能利用中，风速及风向是两个重要因素。风速与风向每日、每年都有一定的周期性变化，估算风能资源必须测量每日、每年的风速、风向，了解其变化的规律。

风向

　　风向是风吹来的方向，比如，风来自北方叫作北风，风来自南方叫作南风。当风向在某个方位左右摆动不能肯定时，则加以"偏"字，如偏北风。当风力很小时，则采用"风向不定"来说明，风向可以通过当地的风向标来测量。

风向首先是与大气环流有关，此外与所处的地理位置、地球表面不同情况也有关。

为了表示某个方向的风出现的频率，通常用风向频率这个量来表示，它是指一年内某方向风出现的次数和各方向风出现的总次数的百分比。

风速

这里指的风速是一个平均值。其实我们都知道，通常自然风是一种平均风速与瞬间激烈变动的叠加，它不仅随时在变，而且同一地点不同高度的风速也有不同。风速还因夜晚或白天以及季节不同等有所不同。但从平均效果看，一般地面上夜间风弱，白天风强；高空中正相反；我国大部分地区春季风最强，冬季风次之，夏季最弱。当然也有部分地区例外，如沿海地区，夏季季风最强，春季季风最弱。

风能资源

一般用气流在单位时间垂直通过单位面积的风的动能来描述风能，称该量为风功率密度或风能密度，它与风速的三次方和空气密度成正比关系，单位是瓦/平方米。

中国风力资源十分丰富。根据有关资料，我国离地10米高的风能资源总储量约32.26亿千瓦，近海可开发和利用的风能储量有7.5亿千瓦。

我国风能分布的主要地区有：

①三北地区，包括东北三省、河北、内蒙古、甘肃、宁夏和新疆等省近200千米宽的地带。

风向仪

②东南沿海及附近岛屿，包括山东、江苏、上海、浙江、福建、广东、广西和海南等省沿海近10千米宽的地带。

③内陆个别地区由于湖泊和特殊地形的影响，形成一些风能丰富点，如鄱阳湖附近地区和湖北的九宫山和利川等地区。

④近海地区，我国东部沿海水深5米到20米的海域面积辽阔，按照与陆上风能资源同样的方法估测，10米高度可利用的风能资源约是陆地上的3倍，即7亿多千瓦。

二、地球的翅膀——风车

当我们对风能及其分布有了一定的了解后，下一步，我们就要利用装置把风能转换成可储存的能量或者转换成可直接为我们所用的能量。风车就是这样诞生的。风车也称风力机，是将风能转化为机械能并作为动力替代人力和畜力或者带动发电机发电的装置。

风车大多修建在沿海岛屿、平原牧区、山区等多风地带。当风吹来时，桨叶上产生的气动力驱动风轮转动，再通过传动装置带动机械运动，人们可以利用风车来抽水灌溉、排水、碾米磨面、粉碎饲料、加工木材等。风能密度大的地方还可以建立大型风场，直接用于发电。

风车按照结构形式和空间布置，可分为水平轴风车和垂直轴风车。以水平轴式风车为例，风车一般由风轮、机头、机尾、回转体、塔架组成。根据风轮叶片的数目，风车分为少叶式和多叶式两种。少叶式有2~4个叶片，从正面看成垂直十字形，这类风车具有转速高、结构紧凑的特点，缺点是启动较为困难；多叶式一般有5~24个叶片，风轮呈车轮状，常用于年均风速较低的地区，这类风车容易启动，利用率较高，但因转速低，多用于直接驱动农牧业机械。

风力机的风轮与纸风车的转动原理大致一样，当风沿着顺风的叶片经过时，则叶片的弧形面的空气流动速度比叶片的平直面的空气流动速度快，根据物理上的伯努利原理，流速大的压强小，流速小的压强大，风从叶片间通过时则在叶片的两面产生了压强差，这样就提供了一个动力，使得叶片开始转动。伯努利原理在生活中的应用是很多的。比如飞机上升靠空气对机翼的伯努利作用，离火车轨道较近的人会因为飞驰而过的火车而被吸进轨道，所以在站台要保持与轨道的距离。你可以拿两张纸平行放置，对准中间吹口气，看看纸会怎么动呢？

从风力机原理我们还可以看出，只有当风垂直地吹向风轮转动面时，

风车

才能得到最大的能量，由于风向多变，因此还要有一种装置，使之在风向变化时，保证风轮跟着转动，自动对准风向，这就是风力机机尾的作用。

虽然风能利用受到当地风能资源的限制，但设计合理、结构优良的风力机直接决定了风能的转换效率。有人经讨论分析得出，三叶片的风力机无论是转换效率还是审美都是最佳的。的确，这也是我们见得最多的。风力机的大量运用还在与发电机结合实现风力发电上，故风力机的优化与风力发电事业的发展密不可分。

三、风能利用趣话

风能利用，自古就有，中国和荷兰是古代利用风力最多的国家。在没有电力没有石油的年代，风力是"助人为乐"的重要能源。说它助人为乐，因为它不讲条件，不讲价钱，日夜供应，乐此不疲。磨坊用它，灌溉用它。它代替了人畜，默默劳动，毫无怨言。它只是付出，从来不索取。它不破坏环境，却日日夜夜哼唱着那百听不厌的歌曲：吱吱呀呀，吱吱呀呀！……风，作为一种自然能，千百年来，一直在为人类服务。

"柳堡的故事"已被现代文明遗忘

"九九那个艳阳天呀咿唉哟，十八岁的哥哥呀坐在河边，东风吹得风车儿转啊，蚕豆花儿香啊麦苗儿鲜。"《柳堡的故事》把美的享受带给观众，优美的景色与悦耳的音乐完美结合，将苏北水乡恬静如画的景色展现得淋漓尽致。影片开始时，江南的小桥流水、绿色的田地、转动的风车、动人的音乐，将观众带入一个和平、宁静、温馨的环境，预示一个爱情故事即将发生，那首《九九艳阳天》将这种妙不可言的美丽推向极致，从而产生动人心魄的艺术魅力。

电影中，每当出现"东风吹得风车儿转啊……"时，远处的河岸就会出现一座与众不同的风车，直立着五六片老旧的风帆，慢慢地但不停地围绕着立轴旋转。据说，这种立轴式风车，是我国劳动人民的发明。它无须高高的塔楼，无须传动机构，风帆可升可降，与水车连接可车水，与石磨连接可磨面。它灵活机动，省工省料，不用电，不用油，无噪音，无污染，深受广大农民的欢迎。

曾几何时，现代文明开始在城市发展，工业经济的神经和血管逐步向农村渗透。电力取代风力，水泵取代风车。《柳堡的故事》中绿色的田园、小桥流水，一去不复返，也许会慢慢地被人遗忘。唯有那中国特点的立式风帆风车，在可再生能源发展的浪潮中得以重生，焕发出新的风采，以全新的面貌为人类节能减排服务。

近年来，我国学者对立轴式风车进行研究开发。利用它省时省料的特点，开发出可在城市屋顶上安装使用的小型立轴式风力发电机。该发电机小巧灵活，可在微弱风力下快速旋转发电，从而引起人们关注。

20世纪80年代初，为了支持风能发电事业，

风力抽水

不可再生的资源

中国科学院从德国引进10台风力发电机，无偿提供浙江宁波嵊泗岛，希望作为示范工程。风机安装完，试运行成功，效果良好。没想到的是，事后该风力发电站负责人竟到中科院索要运转费用，声称不给费用就停止运行。中科院是科研单位，没有运转费。风机果然停运，成了一堆废铁。

由于对新技术缺乏敏感性，失去了一次新兴产业换代机会。2005年，浙江花巨资引进技术，建立大型风电装备企业。

2008年，浙江省规模最大的风力发电项目岱山县衢山岛风力发电场建成。已安装48台单机容量850千瓦风机，取得令人瞩目的成绩。遗憾的是整整晚了20年。

我们知道，风能是可再生能源中技术最为成熟又最简单的技术。过去20年里风力发电成本下降80%，成为发电成本最接近火电的新能源。风力发电具备大规模商业化运作的基础。

四、风车发电

在新能源开发中，风能发电无疑是最为风光的一个。在自然界中，风是一种可再生、无污染而且储量巨大的能源。随着油价不断上涨，风力发电愈加被人们所重视，随着风电技术的成熟，近些年来风电不断受到追捧。

说到风力发电，最早要算丹麦了。现今丹麦的风力发电也很普遍。丹麦虽只有500多万人口，却是世界风能发电大国和发电风轮生产大国。世界10大风轮生产厂家有5家在丹麦，世界60%以上的风轮制造厂都在使用丹麦的技术，丹麦是名副其实的"风车大国"。

根据全球风能理事会的统计，全球的风力发电产业正以惊人的速度增长，在过去10年平均年增长率达到28%，2007年底，全球装机总量达到了9400万千瓦，

丹麦海上风车园

每年新增2000万千瓦，这意味着每年在该领域的投资额达到了200亿欧元。目前全球风电装机容量已超过1亿千瓦，尤其是美国和中国风电产业近几年保持迅速发展。

自2003年以来，中国风电装机容量增长迅速，2004—2007年每年新增装机容量增速均超过100%。2007年，按照累计风电装机容量数据排名，全球前五名国家依次是：德国、美国、西班牙、印度和中国，中国位居第五。但是，如果按照全球新增风电装机容量来看，2007年中国则仅次于美国和西班牙，高达330万千瓦。这一年，全球风电资金中15%投向了中国，总额达340亿人民币，即34亿欧元左右。2008年，中国的风电装机容量新增630万千瓦，第一次超过印度成为亚洲第一，位居全球第四，中国真正成为全球最大的风电市场之一。

风电场和风力发电设备制造将是风电行业的两大投资机会，其中发电设备尤其重要。金风科技是我国风电设备制造企业当之无愧的龙头，该企业的股票2007年12月上市首日大涨263.9%，受到了投资者疯狂的

追捧。金风科技是我国风电整机制造龙头，在风电设备行业中排名国内第一、全球第十，2006年在国内市场占有率达到33%，全球市场占有率2.8%，实力可见一斑。从这一事件可以看出不少投资者已经意识到了风能行业在我国的发展潜力之巨大，风力发电设备制造企业将面临历史性的发展机遇。

"风沙大、路难走"，这些恶劣的自然环境曾经制约着张家口坝上经济的发展。但是这两年，这些昔日曾经让人头疼的大风刮来了滚滚财源。如今在张北县，昔日的荒坡秃岭已经换成了风电设备安装的火热场面，受冷落的风电开始走俏了。大风把滚滚的财源刮进了张北，也刮进了占全国风电设备一半产能的保定高新区。2006年，保定天威集团只组装出了一台风力发电机，而2009年生产能力就猛增到了200台。张家口和保定的例子好像我国风电发展的一个缩影。10年前我国风电装机容量发展不足300万千瓦，未来3年内却将突破1000万千瓦。在新能源政策的撬动下，我国风力发电的年产值已经突破100亿元。

张家口坝上风车

风电行业的超速增长与我国政府出台的一系列鼓励政策密不可分。除了在宏观发展规划中为风电发展设定了颇为激进的发展目标外，降低风电价格、支持风电设备的国产化、保障风电并网是最主要内容。

不可再生的资源

五、高空风电

现代风电机组正在日益向大容量、更高处发展，大容量机组不仅发电量高，而且发电成本较低。人们一说到风力发电，可能很多人想到的就是在空旷的草原、荒漠等地域的风力发电站。但事实上，凭借着安装在城市上空1600～40000米外的高空发电机，就能满足人口稠密的城市用电需求。

2009年5月，美国斯坦福大学环境和气候科学家克莉丝汀娜·阿彻和肯·卡尔代拉在《能源》杂志上发表了一个报告，称高空急气流在任何时候所含的风能，超出地球上消耗所有电能的100倍。这就是高空风电的原理。同样规模的风电场，如果应用大容量机组，能够利用更高处的风能资源，还可以减少机组台数，相应的运输、安装、电缆连接等成本也会降低，高空风力发电正处于一个新生期。

这似乎听起来不可思议，但是美国能源部曾经有过一个高空风力发电项目，当然规模不大。然而，由于20世纪80年代能源价格暴跌，里根政府时期的能源部官员将经费挪为他用，最终致使其无疾而终。

几百年来，我们一直在利用不可再生的化石燃料，由于石油供应日益紧张和对气候变化的担心让绿色技术获得了新生。不幸的是，可再生能源的分布一般漫无边际，这意味着往往需要开发大片区域才能获取需要的能量。而高空风速度很快，可以在全球范围内迅速蔓延的同时比地面风更易于预测，并且具有高度的密集性，在这种情况下，利用高空风能看上去

非常具有开发前景。

20世纪70年代，能源危机爆发，因而各类新的能源概念不断涌现，工程师和发明者们申请了多项利用高空风设计的专利。其中两个主要设计构架沿用至今：一是在空中建造发电站，利用高空风能发电，然后通过电缆输送到地面；二是通过模拟风筝，先将机械能输送到地面，再由发电机将其转换为电。不过这些都还只是在理论上讲得通，要真正地实施起来却还需要进一步的研究和探索。

为了捕获高空风能，研究者正在构想出一种风力涡轮风筝模型——这类风筝与一根电缆相连，而且有与大型客机并肩飞行的高度，而飞速旋转的叶片可能把风能转换成电能，最后通过电缆传输到达电网传输系统。为捕获高空风力急流中蕴藏的能量，风能制造商正在设计、制造各种风筝涡轮机，从而可以将风力动能转化为电能。

发电风筝能否"飞得更高"？

尽管高空气流蕴藏着巨大的能量，但长期来看，风筝涡轮机面临着风力不稳的挑战。即便高空位置达到理想状态，一年也会有5%的时间不刮风。其次，高空风筝发电的另一个障碍就是飞机的干扰，当然，如果发电风筝能像建核电站和炼油厂取得批准一样，取得上空飞行的限制许可，空中交通也将不是大问题。

斯坦福大学生态学家肯·卡尔代拉说："高空风能最终会被证明是一种重要的能源，但它需要完善的基础设施，确保高空风能发电可持续运行。"

六、世界风力发电现状

风力发电自20世纪80年代开始受到欧美各国重视以来，至今全球风电发电量以每年25%～30%的惊人速度快速增长。表1和表2显示了欧洲和美国无论是风电总装机容量还是人均装机容量均居世界前列。

表1 2008年年底世界主要国家总装机容量

排名	国家/地区	总装机容量（兆瓦）
1	德国	22247
2	美国	16971
3	西班牙	15145
4	印度	7844
5	中国	5906
6	丹麦	3124
7	意大利	2726
8	英国	2425
9	法国	2370
10	葡萄牙	2150

表2 世界主要国家人均风电装机容量

排名	国家/地区	人均装机容量（瓦）
1	丹麦	589.4
2	西班牙	384.4

3	德国	271.3
4	爱尔兰	217.8
5	葡萄牙	215
6	奥地利	122.8
7	荷兰	110.6
8	瑞典	88.5
9	卢森堡	87.5
10	挪威	85.8

2007年全球新增装机9865兆瓦，累计装机93864兆瓦。2008年全世界新增风力发电装机容量约2726万千瓦，增长率约为29%，累计达到1.21亿千瓦，增长率为42%。2009年上半年中国风电市场持续井喷，新增装机规模达到4440兆瓦，风电累计装机容量达到16.6吉瓦。与此同时，风电大国美国与德国2009年上半年新增风电装机容量分别为4070兆瓦与800兆瓦，累计装机量达到29.44吉瓦与24.7吉瓦。

我国2007年风电装机容量占电力总装机容量比例只有0.14%，远不及发达国家的水平，是同样处于发展中国家的印度的1/7.5，但中国风电装机容量快速增长，达到平均35%以上的增速，这个成长性是非常可观的。对中国来讲，未来的风电发展空间非常大，主要原因一是配额还没有达到标准；二是我国的风能储备非常丰富，占世界的第三位；三是我国的风电厂已经没有盈利的现实条件了；四是我国的风电设备市场目前来看，国产化率非常高，以后替代进口以及出口潜力都非常看好。世界主要国家风电装机容量的增加，其背后是大力发展风电机组的结果。过去几年，中国风机的增长速度远远快于其他几个主要风机装机国家。

欧洲最早开发利用风电

英国成为世界上拥有海上风力发电站最多的国家，超越了曾位于榜首的丹麦。目前，英国正在制订进一步推动海上风力发电站计划，为家庭提供足够的电力。到2020年，英国海上风力发电能力几乎占全球市场的一半。

现在，英国来自岸上及海上风力发电站的电量达到30亿瓦，足够供应150万个家庭。其中，海上风力发电占20%，还有5座在建电站，2009年末总发电量增加9.38亿瓦。估计这种趋势会继续下去，最终风能的使用成本将会不断降低，而且符合国际上减少二氧化碳排放以阻止气候变化的紧迫需求。英国及其周边海域拥有欧洲最强的风力，为风力发电提供保证。

英国风力发电

不可再生的资源

浙江省内最大的风力发电场投产

2009年3月，浙江省内最大的风力发电场——浙江温岭东海塘风力发电场一期工程建设完成并投入使用。该发电场每台风机功率为2兆瓦，是目前国内单机容量最大的发电机。20台风力发电机沿着海岸线一线排开，场面壮观，可供应4万多户家庭用电。每台风机都是巨人，风轮直径80米，风轮中心离地67米，叶片长度超过39米。

目前，中国风力发电总机容量已达9兆千瓦，而且在不断扩大。由于政策支持，风力发电有利可图。初定政府补贴价格等于再生能源价格减去火力发电价格，吸引国内外投资者争相进入中国风电市场。正像国外媒体介绍说，中国风力发电建设成爆炸式成长。不久的将来，中国风力发电将稳坐世界头把交椅，为节能减排做出贡献。

第五章

新时代的引擎——水能

一、水电的"是非"之争

2008年4月2日，《南方周末》报刊发了一篇题为《西南水电大跃进"八个三峡筹划开建"》的报道。记者在四川成都、雅安和云南怒江实地调查采访后认为，在能源价格大涨的背景下，各大电力公司在西南各大江河的干流上开工建设大量的水电站，其总装机容量相当于8个三峡工程，这种大跃进式的开发方式不仅严重破坏当地生态，还将导致一系列隐患。

文章一出，一石激起千层浪，关于水电开发的是非之争被再次端上台面。媒体之间自成"正反"双方，"反方"如《南方周末》者大肆渲染水电开发的弊端，"正方"则浓墨重彩水电开发的利好。双方打得难解难分，"公说公有理，婆说婆有理"，孰是孰非，僵持不下……

综观双方的观点，好像都是有理有据，但是我们应该看到这样一个基本常识：凡事没有绝对，如同一枚硬币，具有两面性。"鱼与熊掌不能兼得"。一方面开发水电，在发电、防洪、灌溉、航运等方面意义重大；另一方面，将其定义为"对生态、气候完全没有影响"也是不客观的。因此，水电的开发与不开发，必须充分权衡利弊。在做的过程中，应当扬长避短、趋利避害，使其产生最大的价值。

以我国怒江开发中存在的争论作为一个例子来看看国内的情况。在这场争论中，我们不断地在"保护"与"开发"之间徘徊着，似乎还没有找到一个明确的答案。

我国水能资源丰富，能发电将近5.4亿千瓦左右，居世界第一位。但是，我国水能资源主要集中在西南地区。在我国水电水利规划设计的大幅项目地图前，可以清楚地看到，西部几乎所有的江河都被大坝拦腰截断。

不
可
再
生
的
资
源

只有怒江的原始生态流域保存相对完好，也已规划开发。截至2006年，实际开发的水电在1.29亿千瓦左右，利用率不到25%，大大低于发达国家50%～70%的开发利用水平。

位于滇西横断山脉纵谷的怒江、澜沧江、金沙江三条大江，在东西150千米内紧密地排列依偎着，群山高耸，峡谷深壑，构成地球上独一无二的地理奇观。这三江的整个区域达41万平方千米，雪山和冰川环抱其间，古老的孑遗植物在这里延续生命，珍稀的动植物在其间繁衍生息，这是地球精心营造的一个最雄奇瑰丽的自然宝藏。2003年联合国教科文组织第27届世界遗产大会决定，将我国这一"三江并流"的自然景观列入联合国教科文组织的"世界遗产名录"。

准备在这里实施的怒江水电开发方案，刚一出台便引发巨大争议。双方争议的焦点在于：建坝所带来的破坏问题。反对者们列举了建坝后将出现的污水问题和泥沙淤积问题，说明建坝是不可行的。而支持者则认为，如果不进行开发，当地的群众无法脱贫而继续维持刀耕火种式的发展模式，生态环境同样会遭到严重破坏，因此支持者们认为只有当地老百姓不需要刀耕火种来维持正常生存，怒江的环境保护才能进行，才能可持续发展。我们难以评判谁是谁非，因为就现阶段的实际情况而言，政府可划拨的财政资金有限，不可能在完全不开发的情况下实现怒江环境的保护。但是在怒江修建大坝真的符合当地人民的长远利益吗？

怒江

国外的相似案例也

许能够给我们提供一些借鉴。20世纪70年代，埃及建成了阿斯旺水坝。这座水坝给埃及人带来了廉价的电力，控制了水旱灾害，灌溉了农田，然而也破坏了尼罗河流域的生态平衡。几千年来定期泛滥的尼罗河水带来的肥沃土壤，冲积形成了富饶的三角洲。阿斯旺大坝建成后，截断尼罗河，阻

阿斯旺大坝

挡了尼罗河夹带的大量淤泥，使两岸土地日渐贫瘠，尼罗河两岸绿洲失去了肥料的来源，没有足够的淡水冲刷土壤中的盐分，土地盐渍化、沙漠化倾向越来越严重，埃及这片美丽富饶的绿洲日渐消失。同时，高坝下游河段沉积物日积月累，使污染情况更加严重，水生动植物的生存环境受到影响。1965年地中海产沙丁鱼1.5万吨，而大坝建成后的第二年，埃及海域已见不到沙丁鱼了。尼罗河下游成了静止的"湖泊"，为血吸虫、蚊子的繁殖提供了条件，阿斯旺地区附近居民的血吸虫发病率高达80%～100%。基于对水利开发弊端的考虑，在瑞典，几乎所有未被大坝截流的河流均被法律保护起来，以免受到人为开发的破坏。在美国，大约有16000千米的"杰出"河段在1968年通过的联邦《国家自然与风景河流法案》中得到了保护，还有许多河流也受到州一级的立法保护。

　　然而，田纳西流域的水电建设却被证明是一个成功范例。田纳西河位于美国东南部，在20世纪20—30年代，该地区经济落后，工业基础薄弱，

由于森林被破坏，水土流失严重，洪水泛滥成灾，加之交通闭塞、水运不通，环境恶化，疾病流行，文化落后，成了美国最贫困的地区之一。在第二次世界大战期间，美国国会立法，成立田纳西流域管理局，开始了规模宏大的田纳西流域治理工程，从在田纳西流域建设水电设施开始，经过40多年的规划和建设，田纳西流域的自然资源得到了综合和合理的开发，区域经济得以振兴。到1977年，全流域平均国民收入比1933年增加了34倍。可以说，正是从水电工程建设开始，改变了田纳西人的生活，把一个贫穷的田纳西，建设成了以工业为主，全面发展的现代化的田纳西。

在水电开发方面，结合当地居民的利益至关重要。在加拿大和美国等一些国家和地区，考虑到生态资源一直是当地居民在使用，所以采用居民以生态资源入股的方法，个人入股大约占30%左右。只要电站还在发电，还在创造经济效益，失去土地的当地居民就不会为生存担忧，他们一直与电站、与电力企业贫富与共。

正反两方面的案例还有很多，联系到中国的具体国情，发展是需要的，但不能操之过急，因为欲速则不达。保护也是需要的，但不能片面、地保守地认为保护就是不作改变，因为事物是永恒发展的。

水电"是非"之争，也许终将在客观中趋于平静。

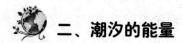二、潮汐的能量

据海洋学家计算，世界上潮汐能发电的资源量在10亿千瓦以上，这不能不说是一个天文数字。

潮汐发电是海洋能中技术最成熟和利用规模最大的一种，主要研发的国家有法国、前苏联、加拿大、中国和英国等国。20世纪初，欧美一些国

家开始研究潮汐发电。第一座具有商业实用价值的潮汐电站是1967年建成的法国郎斯电站。该电站位于法国圣马洛湾郎斯河口。郎斯河口最大潮差13.4米，平均潮差8米。一道750米长的大坝横跨郎斯河。坝上是通行车辆的公路桥，坝下设置船闸、泄水闸和发电机房。郎斯潮汐电站机房中安装有24台双向涡轮发电机，涨潮、落潮都能发电。总装机容量24万千瓦，年发电量5亿多度，输入国家电网。

　　1968年，苏联在其北方摩尔曼斯克附近的基斯拉雅湾建成了一座800千瓦的试验潮汐电站。1980年，加拿大在芬地湾兴建了一座2万千瓦的中间试验潮汐电站。试验电站、中试电站，那是为了兴建更大的实用电站做论证和准备用的。

　　世界上适于建设潮汐电站的二十多处地方都在研究、设计建设潮汐电站。随着技术进步和潮汐发电成本的不断降低，21世纪，将会不断有大型现代潮汐电站建成使用。

　　我国潮汐能的理论蕴藏量达到了1.1亿千瓦，在中国沿海，特别是东南沿海有很多能量密度较高，平均潮差4~5米，最大潮差7~8米。其中浙江、福建两省蕴藏量最大，约占全国三潮汐能的80.9%。中国的江夏潮汐实验电站建于浙江省乐

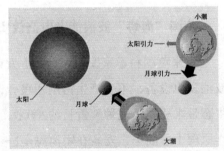

潮汐示意图

清湾北侧的江夏港，装机容量3200千瓦，于1980年正式投入运行。

　　2009年7月7日，亚洲第一大潮汐能电站温岭江厦潮汐试验电站完成首次技改，这是该站自1985年建站以来最大的一次技改。该站位于浙江省温岭市西南角的江厦港，离温岭市区16千米。作为我国潮汐能开发利用的国家级试验项目，它的装机容量为世界第三，亚洲第一，仅次于法国朗斯潮汐电站和加拿大安娜波利斯的双向潮汐电站。温岭江厦潮汐电站于1985年

不可再生的资源

建成投入运行以来，利用潮汐能共发电1.6亿多度。温岭江厦潮汐能实验电站颜建华站长透露，由于温岭江厦潮汐电站为我国海洋新能源开发所起的典范作用，我国计划将在三门湾再建一个万千瓦级的潮汐电站。

从总体上看，现今潮汐能开发利用的技术难题已基本解决，国内外都有许多成功的实例，技术更新也很快，具有广阔的发展前景。到目前为止，由于常规电站廉价电费的竞争，建成投产的商业用潮汐电站不多。然而，由于潮汐能蕴藏量的巨大和潮汐发电的许多优点，人们还是非常重视对潮汐发电的研究和试验。

三、高效的波浪发电

英国"海蟒"波浪能发电高效实用

近来英国科学家发明一种海上发电装置，称之为"海蟒"。它是一种波浪发电设备，不会产生污染和噪音，也没有油污渗漏危险，不会对海洋生态带来威胁。这种装置长约200米，直径7米，由橡胶制成。"水蟒"工作原理十分简单，安装在距离海岸1～3千米远、水下40～90米的地方，固定在海床上。将海水充满"水蟒"的橡胶管。每当波浪经过时，弹性极强的橡胶管就会上下摆动，管内产生脉冲水流，推动尾部的水力涡轮发电机产生电流，然后通过海底电缆传输出去。每条"海蟒"能产生100万瓦电能，可以满足2000个家庭日常需要。

首批"水蟒"将在5年内安装完毕。选在可以产生长距离水下波浪的地方。"水蟒"用橡胶制成，比其他波浪发电装置更轻，结构更简单，制造和维修成本低，为可再生能源利用开发出一条新路。最近葡萄牙宣布研制成一条海上发电的"水蛇"，发电效果也很理想。

波浪能与潮汐能、海洋温差能、盐梯度能、洋流能等能源一样，是海洋能源中最丰富、最普遍、却较难利用的资源之一。波浪能又是海洋能中所占比重较大的海洋能源。海水波浪运动产生巨大的能量。据估算，世界海洋中的波浪能达700亿千瓦，占全部海洋能量的94%，是各种海洋能中的"首户"。

波浪能发电原理

与"海蟒"不同的是，大多数波浪发电是以空气为介质。其原理是将波力转换为压缩空气来驱动空气蜗轮发电机发电。它像一只倒置在水中的打气筒，当波浪上升时，将空气室中的空气顶上去，被压空气穿过正压水阀室进入正压气缸，驱动发电机轴端的空气蜗轮，使发电机发电；当波浪落下时，空气室内形成负压，空气被吸入气缸，驱动发电机另一轴端的空气蜗轮，使发电机发电，其旋转方向不变。

1982年，中国科学院广州能源所研制的航标用波浪发电装置通过鉴定。该装置用于直径2.4米的航标，在平均波高0.5米、平均周期3秒的情况下，满足航标灯用电需要。目前长江口使用的就是该装置。

1989年，广州能源研究所在广东珠海建成第一座示范实验波力电站。1996年，

波浪能

环保进行时丛书
HUANBAO JINXING SHI CONGSHU

在广东省汕尾市建设100千瓦岸式振荡水柱波力电站。该电站设有过压自动卸载保护、过流自动调控、水位限制、断电保护、超速保护等功能，使我国波浪能转换研究实现跨越式发展，达到国际先进水平。总之，海洋能利用是八仙过海各显神通，对可再生能源利用起到推动作用。

20世纪50年代，世界各国开始重视潮汐能发电技术开发。其中投入运行最早，容量最大的潮汐电站，是法国1968年建成的朗斯电站。朗斯电站装机容量24万千瓦，年发电量5.44亿度。而后，1984年加拿大在安那波利斯建成装机容量为1.78万千瓦的世界第二大潮汐电站。近20多年来，美国、英国、印度、韩国、俄罗斯等相继投入相当大的力量进行潮汐能开发。

预计到2030年，世界潮汐电站年发电总量将达600亿度。潮汐能不受洪水、枯水期等水文因素影响，开发利用潮汐能的社会和经济效益已显露出来。目前，潮汐电站建设出现新的势头。中国是世界上建造潮汐电站最多的国家，从20世纪50年代到70年代先后建造50座潮汐电站。可惜到80年代初，只有8座电站仍在正常运行，其他由于无人关心支持而自生自灭，逐渐被人遗忘了。

目前，我国正在运行的8座潮汐电站是：浙江乐清湾的江厦潮汐试验电站、海山潮汐电站、沙山潮汐电站，山东乳山市白沙口潮汐电站，浙江象山岳浦潮汐电站，江苏太仓浏河潮汐电站，广西钦州湾果子山潮汐电站，福建平潭幸福洋潮汐电站。其中，运行较好的是浙江江厦电站。江厦电站是我国最大的潮汐电站，它安全运行了20多年，为潮汐能利用树立了榜样。

波浪发电装置

四、水的盐差能

盐差能是指海水和淡水之间或两种含盐浓度不同的海水之间的化学电位差能，是以化学能形态出现的海洋能，主要存在与河海交接处。同时，淡水丰富地区的盐湖和地下盐矿也可以利用盐差能。盐差能是海洋能中能量密度最大的一种可再生能源。

长江入海口

在淡水与海水之间有着很大的渗透压力差，一般海水含盐度为3.5%时，它和河水之间的化学电位差有相当于240米水头差的能量密度。从理论上讲，如果这个压力差能利用起来，从河流流入海中的每立方米的淡水可发0.6度的电。一条流量为每秒/立方米的河流的发电输出功率可达2340千瓦。从原理上来说，这种水位差可以利用半透膜在盐水和淡水交接处实现。如果在这一过程中盐度不降低的话，产生的渗透压力足以将盐水水面提高240米，利用这一水位差就可以直接由水轮发电机提取能量。如果用很有效的装置来提取世界上所有河流的这种能量，那么可以获得约2.6太瓦的电力。更引人注目的是盐矿藏的潜力。在死海，淡水与咸水间的渗透压力相当于5000米的水头，而盐穹中的大量干盐拥有更密集的能量。

利用大海与陆地河口交界水域的盐度差所潜藏的巨大能量一直是科学

环保进行时丛书　HUANBAO JINXING SHI CONGSHU

不可再生的资源

家的理想。在20世纪70年代，各国开展了许多调查研究，以寻求提取盐差能的方法。实际上开发利用盐度差能资源的难度很大，上面引用的简单例子中的淡水是会冲淡盐水的，因此，为了保持盐度梯度，还需要不断地向水池中加入盐水。如果这个过程连续不断地进行，水池的水面会高出海平面240米。对于这样的水头，就需要很大的功率来泵取咸海水。目前已研究出来的最好的盐差能实用开发系统非常昂贵。这种系统利用反电解工艺（事实上是盐电池）来从咸水中提取能量。根据1978年的一篇报告测算，投资成本每千瓦约为5万美元。也可利用反渗透方法使水位升高，然后让水流经涡轮机，这种方法的发电成本可高达每度电10~14美元。 还有一种技术可行的方法是根据淡水和咸水具有不同蒸气压力的原理研究出来的：使水蒸发并在盐水中冷凝，利用蒸气气流使涡轮机转动。这种过程会使涡轮机的工作状态类似于开式海洋热能转换电站。这种方法所需要的机械装置的成本也与开式海洋热能转换电站几乎相等。但是，这种方法在战略上不可取，因为它消耗淡水，而海洋热能转换电站却生产淡水。盐差能的研究结果表明，其他形式的海洋能比盐差能更值得研究开发。

据估计，世界各河口区的盐差能达30太瓦，可能利用的有2.6太瓦。我国的盐差能估计为1.1×10^8千瓦，主要集中在各大江河的出海处，同时，我国青海省等地还有不少内陆盐湖可以利用。盐差能的研究以美国、以色列的研究为先，中国、瑞典和日本等也开展了一些研究。但总体上，对盐差能这种新能源的研究还处于实验室阶段，离示范应用还有较长的距离。

五、海水温差能利用

海水温差能是指涵养表层海水和深层海水之间水温差的热能，是海洋能的一种重要形式。海洋的表面把太阳的辐射能大部分转化为热水并储存在海洋的上层。另一方面，接近冰点的海水大面积地在不到1000米的深度从极地缓慢地流向赤道。这样，就在许多热带或亚热带海域终年形成20℃以上的垂直海水温差。利用这一温差可以实现热力循环并发电。

温差能发电的两种系统

温差发电的基本原理就是借助一种工作介质，使表层海水中的热能向深层冷水中转移，从而做功发电。海洋温差能发电主要采用开式和闭式两种循环系统。

（1）开式循环发电系统

开式循环系统主要包括真空泵、温水泵、冷水泵、闪蒸器、冷凝器、透平发电机等组成部分。真空泵先将系统内抽到一定程度的真空，接着启动温水泵把表层的温水抽入闪蒸器，由于系统内已保持有一定的真空度，所以温海水就在闪蒸器内沸腾蒸发，变为蒸汽。蒸汽经管道由喷嘴喷出推动透平运转，带动发电机发电。从透平排除的低压蒸汽进入冷凝器，被由冷水泵从深层海水中抽上来的冷海水所冷却，重新凝结为水，并排入海中。在此系统中，作为工作介质的海水由泵吸入闪蒸器蒸发，推动透平做功，然后经冷凝器冷凝后直接排入海中，故称此工作方式的系统为开式循环系统。

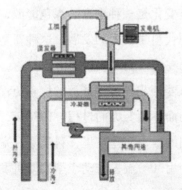

温差能发电原理和构思图

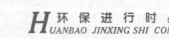

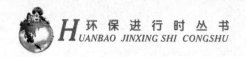
不可再生的资源

（2）闭式循环发电系统

来自表层的温海水先在热交换器内将热量传递给低沸点工作质——丙烷、氨等，使之蒸发，产生的蒸汽再推动汽轮机做功。深层冷海水仍作为冷凝器的冷却介质。这种系统因不需要真空泵是目前海水温差发电中常采用的循环。

温差能发电的来历

首次提出利用海水温差发电设想的是法国物理学家阿松瓦尔。1926年，阿松瓦尔的学生克劳德试验成功海水温差发电。1930年，克劳德在古巴海滨建造了世界上第一座海水温差发电站，获得了10千瓦的功率。1979年，美国在夏威夷的一艘海军驳船上安装了一座海水温差发电试验台，发电功率53.6千瓦。1981年，日本在南太平洋的瑙鲁岛建成了一座100千瓦的海水温差发电装置，1990年又在鹿儿岛建起了一座兆瓦级的同类电站。

温差能利用的最大困难是温差太小，能量密度低，其效率仅有3%左右，而且换热面积大，建设费用高，目前各国仍在积极探索中。由于海洋热能资源丰富的海区都很遥远，而且根据热动力学定律，海洋热能提取技术的效率很低，因此可资利用的能源量是非常小的。但是即使这样，海洋热能的潜力仍相当可观。在自然界中的温差变化是一种丰富的绿色能源，随着现代科学技术的发展，这种新型能源正在被人们认识和利用。

人类对自然温差能源的探索历程是长期而不断努力的过程。1933年，在法国的一个实验室里，科学家在室温下利用30℃温差推动小型发动机发电，点亮了几个小灯泡，首次证实了

浩瀚的海洋

自然温差作为能源的可能性。20世纪60年代，美国阿拉斯加输油管路利用寒冷的气候条件加强散热，防止基土融化下沉，从而保证了管路系统的安全运行。受此启发，研究人员开始对自然温差能源进行实用化研究。1986年，经过约10年的试验研究，日本建成了世界上第一座以自然冷能制冷的冷藏库。

温差能发电的实际应用

在实际应用中，高效、廉价地蓄能是利用自然温差能源的关键。目前，人类已经发现了多种多样的有效蓄能体。其主要可分为两大类：一类是丙酸醇等有机材料；另一类是无机材料，如复合盐水、硫酸钙等物质。

硫酸钙

这些物质可以把吸收来的自然温差能储存起来，在需要的时候释放。美国和德国利用这些蓄能材料已经建成了节能型建筑并投入使用。

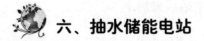

六、抽水储能电站

高山上的"花环"

抽水蓄能电站是利用晚上电力负荷低谷时的电能，抽水至山顶上的上水库，在白天电力负荷高峰时，再放水至下水库发电的水电站。它又称蓄能式水电站。蓄能式水电站可以将电网负荷低时的多余电能转变为电网高

日月潭

不可再生的资源

负荷时的高价值电能，还适于调频、调相，稳定电力系统的周波和电压。

有些高山水库风景优美，兼做旅游景点，犹如美丽的高山花环，镶嵌在群山之中。台湾日月潭就是旅游、发电兼备的代表。抽水蓄能电站根据上水库有无天然径流汇入，可分为纯抽水蓄能电站和混合抽水蓄能电站。此外，还有将这一条河的水抽至上水库，然后放水至另一条河发电的调水式抽水蓄能电站。

世界上第一座抽水蓄能电站是瑞士于1879年建成的勒顿抽水蓄能电站。世界上装机容量最大的抽水蓄能电站是美国巴斯康蒂抽水蓄能电站。该电站装机210万千瓦，于1985年投产。中国台湾省日月潭抽水蓄能电站装机100万千瓦，曾是亚洲最大的抽水蓄能电站。广州抽水蓄能电站第一期工程装机120万千瓦。

我国抽水蓄能电站后来居上

世界上第一座抽水蓄能电站至今已有125年的历史。抽水蓄能电站迅速发展是20世纪60年代以后，也就是说，从第一座抽水蓄能电站建成到迅速发展中间相隔近80年。中国抽水蓄能电站建设起步较晚，20世纪60年代后期才开始研究抽水蓄能电站的开发，1968年和1973年，先后在华北地区建成岗南和密云两座小型混合式抽水蓄能电站。在近40年中，前20多年蓄能电站的发展几乎处于停顿状态，90年代初有了新的发展。至2005年底，全国已建抽水蓄能电站总装机容量跃进到世界第5位，年均增长率高于世界。

近十几年来，中国抽水蓄能电站发展取得很大成绩。2004年底，全国已建成投产的抽水蓄能电站10座。其中包括1968年建成的河北岗南常规抽水蓄能电站，1992年建成的河北潘家口混合抽水蓄能电站，1997年建成的北京十三陵抽水蓄能电站；广东电网分别于1994年和2000年建成广州抽水蓄能电站一期、二期工程；华东电网于1998年建成浙江溪口抽水蓄能电站，2000年建成天荒坪抽水蓄能电站和安徽响洪甸抽水蓄能电站，2002年建成江苏沙河抽水蓄能电站；拉萨电网于1997年建成羊卓雍湖抽水蓄能电站；华中电网建成的湖北天堂抽水蓄能电站。

我国抽水蓄能电站两个"之最"

最大的抽水蓄能电站——广州抽水蓄能电站

广州抽水蓄能电站是中国最大的抽水蓄能电站，装机2400兆瓦，在华南电力调节系统中发挥重要作用，使核电实现不调峰稳定运行。广州蓄能电站的调峰填谷作用使香港中华电力公司无需多开两台66万千瓦煤机，而且在负荷低谷期可以更多地接受核电。大亚湾两台900兆瓦核电机组于1994年投入运行，分别向广电和中电两个电网供电。由于两个电网都有抽水蓄能容量供调度使用，为核电创造良好的运行环境。目前，该电站扩建成旅游休闲胜地，吸引不少游客。

落差最大的抽水蓄能电站——天荒坪抽水蓄能电站

天荒坪抽水蓄能电站位于天目山东缘，上下水库落差607米，是目前世界上水位落差最大的电站，也是世界第二、亚洲第二大抽水储能电站。该电站装机容量达1800兆瓦，运行综合效率最高达80.5%，超过一般抽水蓄能电站。自1998年投产至2003年6月底，已为电网应急调频或事故备用

23次。它被电网指定为系统瓦解时恢复电网的启动电源。同时，蓄能电站成为系统调试的重要工具，对保证华东电网的安全稳定、经济运行发挥不可替代的作用。

综上所述，已建抽水蓄能电站，不管是大型还是中型，在实际运行中都发挥了调峰、填谷、调相、调频、事故备用和替代燃煤机组的作用，取得了良好的信誉和经济效益。

中国是大国，无论哪种单一能源都不能解决能源问题，必须发展多种替代能源。发展替代能源不能光看到它的好处，更应该考虑存在的问题；既要有多元化发展战略，又要目标明确，重点突出，提高资金使用效率；要用科学发展的观点组织能源规划，确保中国能源战略安全、可靠，稳步前进。

第六章

新时代的引擎——核能

一、与核能"零距离"

看不到的世界

"核"是原子核的意思，原子核是什么呢？它是构成物质的微粒。科学家告诉我们物质是由分子构成，分子是由原子构成，原子是由原子核和核外带负电的电子构成；而再往下，原子核又是由带正电荷的质子和不带电的中子构成；再往下呢，还有夸克等等。没有哪个人可以很肯定地说，"哦！我找到了物质组成的最小单元。"因为这个问题就像问"宇宙的边界在哪里"一样没有答案，但科学家正在努力寻找物质组成的最小微粒。

通常我们把这些像分子、原子、质子、中子、电子、夸克等肉眼看不到的小粒子统称为微观粒子。现在发现和命名的微观粒子有很多很多，如中微子、玻色子、π介子、强子等等。别小看微观世界的这些粒子，它们平时看上去很文静，可是适当的时候它们爆发的能量却大得惊人。

静止而又运动着

看看我们身边的每一样东西，其实里面充满了微观粒子，肉眼看上去静止的宏观物质，组成它的粒子也是静止的吗？其实不然。

物理学中著名的布朗运动可以说明这一点。我们也可以来做个类似的布朗运动实验：把墨汁用水稀释后取出一滴放在显微镜下观察，可以看到悬浮在液体中的小碳粒不停地做无规则的运动，而且碳粒越小，这种运动

越明显。因为大量的液体分子不停地做运动，就会碰撞墨汁的碳微粒，使得碳微粒不停地运动。这就好比在十分拥挤的人群里，人群中的一个人会被推来推去一样。这些悬浮颗粒的无规则运动叫布朗运动，只不过当时布朗用的是花粉颗粒。布朗运动可以间接反映组成物质的分子在不停地做杂乱无章的运动。

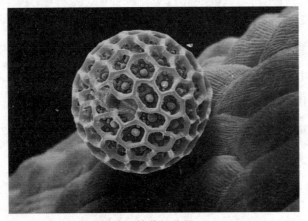

显微镜下的花粉分子

物质有固体、液体、气体三种形态，分子之间的距离从固体到气体依次增大。气体可以到处飘，可以认为是分子运动的结果，液体的流动也可以解释为分子的运动，而固体呢？既不能飘也不能流。为什么物质分子都在不停运动但是不同形态有不同的运动结果呢？

原来组成物质的分子与分子之间存在相互作用力，这种力量很奇妙，当分子间距离大到一定时，作用力就非常小了；当减小距离，分子间就有相互的吸引力，这个力量使得物质分子不易脱离物质这个整体，而且距离较小分子就越不能挣脱，所以固体没有液体容易形变。这个道理就好比一群人站得很开，人与人之间没有约束，其中一个人就可以到处运动；而让这群人手牵手，那么其中一个人只能在一定范围内运动；如果叫这群人紧紧地抱成一团，那这个人就几乎不能动弹了。

这样看来物质本身是有能量的，起码有分子运动所具有的动能和相互吸引所具有的势能。我们知道物质从固体到液体到气体都与热量和温度有关，这正反映出能量的关系，分子吸收热能转化成自己的动能，运动剧烈就可以克服分子束缚由固体变成液体，或从液体变成气体了。也就是说，分子与分子想分开就需要能量，反之，当减小分子间的距离使物质从气体变到液态或固态，这个过程就可以释放能量。在冬天我们经常看到，室内的水蒸气与较冷的窗玻璃接触，水蒸气的能量以热量的形式释放并被玻璃吸收，气态的水就成了窗玻璃上的水滴了。物质分子分开和压紧引起的物质状态变化包含着能量的转变。

分分合合中的能量

分子间的微观关系让我们浮想联翩，其实有更多的微观关系也是类似的。

譬如说组成分子的原子与原子的关系，我们也可以通过某种方式打开每一个组成物质的分子再形成另一种物质。打开分子，这同克服分子间的作用力一样需要能量去打开化学键，即连接原子与原子之间的相互作用力。一般我们把这样的实现归为化学学科的知识，如把水分解成氢气和氧气的化学过程，打开化学键需要额外的能量，像之前提到的电解水、光解水，但是反

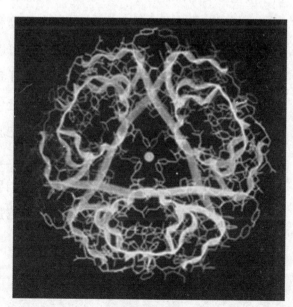

氢分子

环保进行时丛书
HUANBAO JINXING SHI CONGSHU

之，让氢气和氧气结合生成水的同时也给我们带来足够的热能。

一般情况下，一种原子定性是通过看原子核具有多少个质子，比如说氢的原子核里面有1个质子，那么有1个质子的原子就叫氢子。我们知道原子核是由质子和中子构成，这样就可能出现质子数相同但中子数不同的原子，如自然界存在只有1个质子的氢，也有1个质子1个中子的氢，还有1个质子2个中子的氢，为了区别它们就叫作氢的同位素，并分别给它们取名为氢、氘、氚。

原来人们从来没有想到过要不要把这些固定质子数的原子核拿来分或合，比如说用两个氢原子核合成一个氦原子核，或者把一个氦原子核分成两个氢原子核。那是因为在自然界中这样发生的具体实例几乎没有，也许它只能这样存在吧。

我们知道科学研究离不开科学事实，水随温度的状态变化让我们研究出了液化、气化和凝固等科学规律；物质燃烧等现象让我们得到分子合成可以释放能量。没有科学事实无从入手。直到有一天放射性现象的发现才打开了探索原子奥秘的大门。的确，原子核可以打开或是重组，虽然条件很苛刻，但是人们还是把它实现了。而且更让我们惊讶的是，这样分分合合中的能量远比通过改变分子间距实现状态变化中的能量和打开分子重组的化学反应中的能量大很多很多，后来我们把原子核变化过程中释放的能量就叫作"核能"。

把上面关于分分合合的理论用科学家的话来表述就是：任何两个物体吸引在一起时都要释放能量，而且吸引力越强，释放的能量就越多。反之，分开就需要能量。

二、核电！核战！

有人把核能比做魔鬼，因为核能具有巨大无比的力量，释放时，瞬间会毁灭整座城市，杀死所有生灵。第二次世界大战以前，科学家并不知道核能的作用有多大，只知道自然界的核能一直被封闭在小小的原子核中，千万年来，它一直无所作为。但是，科学家早就预测，这种能量一旦释放，将会给人类带来毁灭性灾难。

好像阿拉伯神话《一千零一夜》中讲的"瓶子中的魔鬼"的故事，一旦瓶子中的魔鬼被释放出来，世界将不得安宁。一个聪明的孩子又把魔鬼骗进瓶子，迫使魔鬼老老实实地听他的话，去完成孩子交给的任务。

"二战"后期，核能这个"魔鬼"已被释放出来了，两颗原子弹爆炸，显示出了无比的威力。怎样才能把核能这个"魔鬼"装进特制的"瓶子"里，让它老老实实地为人类服务呢？为此科学家动了许多脑筋。尽管这个"魔鬼"有时会跑出来伤害人类，但最终还是被科学家牢牢地锁在特制的牢不可破的"瓶子"中。看了下面的内容，你就会觉得，人类降服核能"魔鬼"的道路是多么艰难、曲折和有趣。你也一定会相信，要降服"魔鬼"，就得比"魔鬼"更聪明。

核能与核电

我们知道，把核能变成核电是利用核能的最佳途径。核电由来已久，属于新能源，"二战"以后与煤电、水电一起构成世界电源的三大支柱。它为世界能源发展做出了重大贡献。由于它有许多不可替代的优点，近年

不可再生的资源

很多国家开始核电项目，特别是新兴的发展中国家，把发展能源的目标转向核电。在60多座正在兴建或立项的核电站中，有2/3在亚洲；到2030年，全球核电市场比例有望从现在的16%提高至27%。

原子弹爆炸后的蘑菇云

核电实际上是一种高科技替代能源。目前全世界已有201家核电厂，共有442座正在运行的核反应堆机组分布在31个国家。其中，拥有核电反应机组前3位的美国、法国、日本分别拥有104、58和55座反应堆机组，占了全球反应堆机组总数的半壁江山。在欧洲，核电比重达到发电量的34%，其中法国核电最多，占总发电量的80%。像比利时这样的小国，人口比北京人口还少，只有1050万人，然而却拥有2座核电厂。专家认为，核能是解决能源危机最为现实最为快捷的手段之一，到2030年，全世界将有600座新的核电站投入使用。

核能与战争

技术是把双刃剑，它可以造福人类，也可以给人类带来灾难。核技术的发展从一开始就和战争联系在一起。中国核技术的发展从一开始就和反对国外核讹诈联系在一起。

什么是"两弹一星"？许多人把"两弹一星"解释为原子弹、氢弹与人造地球卫星。这是误解。其实，"两弹一星"最初是指原子弹、导弹和人造卫星。"两弹"中的一弹是指原子弹，后来演变成原子弹

两弹之父邓稼先

和氢弹的合称，也可叫做"核弹"；另一弹指的是导弹。当时我国领导人认为，为了反击帝国主义国家的核威胁，我国必须具有快速反击的核力量，因而在研制原子弹的同时，必须开展导弹研制。"一星"则是指人造地球卫星。

20世纪五六十年代，对于我国来说是极不寻常的时期。面对严峻的国际形势，为抵制帝国主义的武力威胁和核讹诈，以毛泽东为核心的党中央领导集体，根据国际形势，为了保卫国家安全，维护世界和平，高瞻远瞩，果断地做出独立自主研制"两弹一星"的战略决策。大批优秀的科技工作者，包括许多在国外有杰出成就的科学家，怀着对新中国的满腔热爱，响应党和国家的召唤，义无反顾地投身到这一神圣而伟大的事业中来。

他们和参与"两弹一星"研制工作的干部、工人、解放军指战员一起，在经济、技术基础薄弱和工作条件十分艰苦的情况下，自力更生，发愤图强，完全依靠自己的力量，用较少的投入和较短的时间，突破了原子弹、导弹、氢弹和人造地球卫星等尖端技术，取得举世瞩目的辉煌成就。他们为我国国防核军事力量的建立及民用核能源的发展打下了坚实的基础。

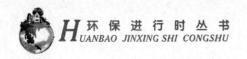
不可再生的资源

三、能锁住"魔鬼"的核反应装置

原子弹、氢弹有如此大的能量，能否用来为人类服务呢？"二战"后，科学家一直为此努力，目的是把核爆炸反应变成可控的，用其巨大能量为人类服务。

1.原子及原子核

世界上一切物质都是由带正电的原子核和绕原子核旋转的带负电的电子构成的。原子核包括质子和中子，质子数决定该原子属于何种元素，原子的质量数等于质子数和中子数之和。如一个铀-235原子是由原子核和92个电子构成的。如果把原子看作地球，那么，原子核就相当于一只乒乓球大小。虽然原子核的体积很小，在一定条件下却能释放惊人的能量。

2.同位素

质子数相同而中子数不同，或者说原子序数相同而原子质量数不同的一些原子，被称为同位素。它们在化学元素周期表上占据同一个位置。简单地说，同位素就是指某个元素的各种原子，它们具有相同的化学性质，按质量不同通常可以分为重同位素和轻同位素。也可以说，同位素同属于某一化学元素，其原子具有相同数目的电子和质子，却有不同数目的中子。例如氕、氘和氚，原子核中都有1个质子，但是它们的原子核中分别有0个中子，1个中子及2个中子，所以它们互为同位素。就好像三兄弟，小弟弟氕身体最轻，身体内只有一个质子，原子核外只有一个电子旋转。

老二体内多了一个中子，体重增加1倍，老大体内多了两个中子，体重增加两倍。

具体说，氢同位素如下：

自然界中氢以1H、2H、3H三种同位素的形式存在。

氕。原子质量为1，是普通的轻氢同位素。它是氢的主要成分。我们通常说的氢气就是这种成分。

氘。原子质量为2，是普通轻氢的2倍，又称"重氢"，它少量地存在于天然水中，用于核反应。

氚。原子质量为3，即"超重氢"。它具有放射性。它自然界中存在极微，从核反应制得，主要用于热核反应。

3.铀的同位素

铀是自然界原子序数最大的元素。天然铀的同位素主要是铀-238和铀-235，它们所占比例分别为99.3%和0.7%。除此之外，自然界还有微量的铀-234。铀-235原子核完全裂变放出的能量是同量煤完全燃烧放出能量的27万倍。

4.重核裂变——原子弹链式反应

重核裂变是指一个重原子核分裂成两个或多个中等原子量的原子核，引起链式反应，从而释放巨大能量。例如，当用一个中子轰击铀-235的原子核时，它就会分裂成两个质量较小的原子核，同时产生2～3个中子和

核反应堆

β、λ 等射线，并释放出约200兆电子伏特的能量。如果再有一个新产生的中子去轰击另一个铀-235原子核，便引起新的裂变。以此类推，裂变反应不断地持续下去，从而形成裂变链式反应，与此同时，核能连续不断地释放出来。

5.轻核聚变——氢弹聚变反应

所谓轻核聚变，是指在高温高压下氢核同位素氘核与氚核结合成氦，放出大量能量的过程，也称热核反应。它是取得核能的重要途径之一。由于原子核间有很强的静电排斥力，因此在一般的温度和压力下，很难发生聚变反应。而在太阳等恒星内部，压力和温度极高，就使得轻核有了足够的动能克服静电斥力而发生持续的聚变。

氢弹是利用氘、氚原子核的聚变反应瞬间释放巨大能量这一原理制成的，但它释放能量有着不可控性，所以有时造成极大的杀伤破坏作用。目前正在研制的"受控热核聚变反应装置"也是应用轻核聚变原理，由于这种热核反应是人工控制的，可用做能源。

6.可控核反应发电站——核电站

核电站

与火电厂相比，核电站是非常清洁的能源，不直接排放有害物质，也不会造成温室效应，能改善环境质量，保护人类赖以生存的生态环境。

世界上核电国家多年统

左侧竖排：不可再生的资源

计资料表明，虽然核电站投资高于燃煤电厂，但是，由于核燃料成本远远低于燃煤成本，而核燃料反应所释放的能量却远远高于化石燃料燃烧所释放出来的能量，而且核燃料来源较广，这就使得核电站总发电成本低于烧煤电厂。

7.核能是可持续发展的能源

据估计，世界上核裂变的主要燃料铀的储量为490万吨。这些裂变燃料足可以用到聚变能时代到来。核聚变的燃料是氘和氚，1升海水能提取30毫克氘，在聚变反应中产生约等于300升汽油的能量，即"1升海水约等于300升汽油"。地球上海水中有40多万亿吨氘，足够人类使用百亿年。氚是从锂元素分裂而来，地球上锂储量2000多亿吨。锂可用来制造氚，地球上能够用于核聚变的氘和氚的数量，可供人类使用上千亿年。太阳已经燃烧了50亿年，专家测算还能燃烧50亿年。有关能源专家认为，如果解决了核聚变技术，人类将从根本上解决能源问题，直到太阳系毁灭。

 四、约束核聚变

苛刻的受控核聚变条件

目前主要的核聚变类型有

D+D→T+P

D+D→3He+n

D+T→4He +n

D+3He→4He+p

3He+3He→4He+2p

其中：D=氘，T=氚，P=质子，n=中子

在这些聚变中，氘—氚聚变是相对容易实现的一种核聚变。以此来讨论要实现受控核聚变必须具备以下物理条件。

①超高温度：氘和氚的混合材料的热核聚变反应温度在1亿度以上。在这种温度下，氘氚混合气体已完全电离，成为带正电的氘、氚原子核和带负电的自由电子混合而成的等离子体。

②等离子体约束：将上述等离子体约束起来，才能增大聚变反应的几率，相遇的概率才够大，不至于失散。

③劳森判据：简而言之，就是氘、氚原子核和自由电子混合的等离子如果要发生持续受控核聚变，在温度、粒子数密度和具体约束时间上需要满足的定量关系。这是从能量角度得出的，只有核反应产生的能量大于维持系统反应基本所需能量时，持续的核聚变才可能发生。

磁约束实现受控核聚变

铀矿石

磁约束就是通过磁场来约束参与反应的混合等离子体。

在长圆柱体空间里的等离子因为带电荷受洛伦兹力而做圆周运动。磁场中所有的等离子体就好像串绕在一条一条磁力线上，沿着磁力线做半径微小的螺旋形运动。这样就实现了对这些

等离子体的约束，直到粒子之间的碰撞使它们离开各自原来缠绕的磁力线。另一方面，作螺旋形运动的带电粒子就是一个微小的螺旋形的电流。

这种磁约束可以将原来是自由等离子体状态的体积缩小到原来的1/106。但这种约束作用只表现在垂直于磁场的方向；在平行于磁场的方向，等离子体仍没有得到约束，在磁场圆筒方向上要求长度足够长。这样会引起等离子体沿圆筒真空室两端逸出的损失。

目前，磁约束聚变装置类型有托卡马克、球形托卡马克、仿星器、磁镜、箍缩装置、球马克、内环装置等。托卡马克是由苏联库尔恰托夫原子能研究所的阿尔齐莫雄奇等人首先提出来的，它的结构最简单，在其上所获得的等离子体参数是到目前为止最好的，也是有可能最先建成的热核聚变反应堆。

激光惯性约束实现受控核聚变

惯性约束核聚变是把几毫克的氘和氚的混合气体或固体装入直径约几毫米的小球内，从外面均匀射入激光束或粒子束，球面因吸收能量而向外蒸发；受它的反作用，球面内层向内挤压，就像喷气式飞机气体往后喷而推动飞机向前飞一样，小球内气体受挤压而压力升高，并伴随着温度的急剧升高。当温度达到所需要的点火温度时，小球内气体便发生爆炸，并产生大量热能。这种爆炸过程时间很短，只有几个皮秒。如每秒钟发生三四次这样的爆炸并且连续不断地进行下去，所释放出的能量就相当于百万个千瓦级的发电站。实质上，这种热核反应就相当于微型氢弹爆炸。

在美国劳伦斯—利弗莫尔实验室的国家点火设施中，科学家们正在试验用激光束来诱发聚变。

NIF长215米，宽120米，大约同古罗马圆形竞技场一样大，它位于美国加利福尼亚州劳伦斯—利弗莫尔国家实验室。

NIF将192条激光束集中于一个花生米大小的、装有重氢燃料的目标上。每束激光发射出持续大约十亿分之三秒、蕴涵180万焦耳能量的脉冲紫外光——这些能量是美国所有电站产生的电能的500倍还多。当这些脉冲撞击到目标反应室上，它们将产生X光。这些X光会集中于位于反应室中心装满重氢燃料的一个塑料封壳上。NIF研究小组估计，X光将把燃料加热到1亿度，并施加足够的压力使重氢核发生聚变反应。它释放的能量将是输入能量的15倍还多。但是，人们希望NIF做更多的工作。它的激光还能够模拟中子星、行星内核、超新星和核武器中存在的巨大压力、灼热高温和庞大磁场。加利福尼亚州将成为物理学家检验他们有关宇宙中最极端情况的理论的地方。

利弗莫尔有850名科学家和工程师，另外大约有100名物理学家在那里设计实验。192束激光中有4束已经工作了24个月，并已经发射出世界上最强的激光。NIF的工程自1994年开工以来延期了很多次，但它最终的目标是实现聚变反应，并达到平衡点。

中国的激光热核点火——"神光"计划在不断地研究探索中。中国科学院和中国工程物理研究院从20世纪80年代开始联合攻关，承担了"神光"系列激光系统的研制和惯性约束核聚变物理实验，取得了举世瞩目的成就。

惯性约束涉及很多等离子体动力学问题，如激波加热问题。在爆聚过程中，对激光束的输出功率进行调制，使等离子体产生一系列激波，并在所要求的时间内同时收缩到中心，则可使密度增大1000倍，理论上要达到这种效果，大约需要7个激波。另外由于爆聚过程相当于轻流体驱动重流体做加速运动，会产生不稳定性，其后果不仅使爆聚失去对称性，影响压缩比，而且会产生强烈混合，降低燃烧率。这是实现激光核聚变的主要障碍之一。

第七章

新时代的引擎——生物质能

一、地球上的生物

广阔的自然界，山川秀丽，花木丛生，物种千千万万，而它们不外乎有两大类，一类是有生命的，一类是没有生命的。树、草、鸟、鱼、蝴蝶和人都是有生命的，太阳、空气、山石、河水等都是没有生命的。自然界中凡是有生命的物体都是生物，这就是说，小到不能用眼睛看到的细菌和病毒，大到参天大树，上至空中的飞鸟，下至水中的游鱼，统统都是生物。

人类是生物界的一员，人类的生存离不开生物界。一方面人类生存需要吸入氧气，而氧气是植物光合作用的主要产物，反过来，植物光合作用的原料二氧化碳又是人类呼出的废气。另一方面，人类的生存需要食物，而我们主要的食物都是生物界的植物和动物，蔬菜是植物，鸡、鸭、鱼、鹅、猪、羊等都是动物，而我们消化食物的排泄物又是植物生长的肥料，里面含有植物所需的矿物质。当然，动物的呼吸和进食也有同人类类似的作用。正因为自然界中这些息息相关的关系，才使得自然界中的生命生生不息。

当然，我们所提及的这种循环关系只是最基本的，为了详细研究这些相互关系，人类已经提出了很多成熟的理论，如自然界的碳、氧循环关系，自然界的食物链等，这些理论阐述了生物体之间更具体的依存关系。例如：蝗虫吃麦子，青蛙吃蝗虫，蛇吃青蛙，老鹰吃蛇的食物链。虽然我们不详细阐述这些理论，但可以看出来，植物是公认的食物链的生产者。

不可再生的资源

说到这里，我们要回到能源的主题了。从能量的角度，上面所有的循环关系都是能量在各种生物体中转变的过程，每一级食物都是下一个生物维持生命的能量来源。如果说食物链的生产者是植物的话，那么植物的生存生长直接影响到自然界生物的生存。植物通过光合作用维持生命，而光合作用又离不开光。下面我们来看看，从能量的角度，太阳光能是怎样通过光合作用储存于植物中并通过食物链在各种生物中转化的呢？

动物和睦相处

二、能量加工厂——光合作用

　　植物的光合作用是一个很复杂的过程，它的作用原理也是经历了漫长的时期才明朗化。18世纪中期以前，人们一直以为植物体内的全部营养物质都是从土壤中获得的，并不认为植物体能够从空气中得到什么。1771年，英国科学家普利斯特利发现，将点燃的蜡烛与绿色植物一起放在一个密闭的玻璃罩内，蜡烛不容易熄灭；将小鼠与绿色植物一起放在玻璃罩内，小鼠也不容易窒息而死。因此，他指出植物可以更新空气。但是，他并不知道植物更新了空气中的哪种成分，也没有发现光在这个过程中所起的关键作用。后来，经过许多科学家的实验，才逐渐发现光合作用的场所、条件、原料和产物。

总体来说，植物光合作用是植物中的叶绿素在太阳光的照射下把经过气孔进入叶子内部的二氧化碳和由根部吸收的水转变成葡萄糖等有机物，同时释放出氧气的过程。该过程包含一系列的化学反应，而光是化学反应的必要条件。从能量的角度，化学反应实现了将太阳能转变成化学能，并把转化后的化学能储存在生成的有机物中。

那么有机物是什么？现在人类积极探测外太空，看一个星球有没有生命迹象，就先看星球上有没有水和有机物，有机物是生命产生的物质基础。早期有机化合物指由动植物有机体内取得的物质，因为有机一词表示事物的各部分互相关联协调而不可分，就像一个生物体那样。自从1828年人工合成尿素，人们对有机物结构有了深入了解后，有机物和无机物之间的界线随之消失，但由于历史和习惯的原因，"有机"这个名词仍沿用。

现在有机物通常是指化学结构中含有碳元素的化合物。有机物是相对无机物而言的，显而易见，无机物就是化学结构中不含碳元素的化合物。自然界中已知的有机物有近600万种，糖类、脂肪、蛋白质、维生素等都是有机物，生活中的粮食、衣服、盖的

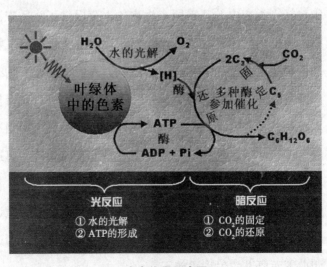

光合作用示意图

不
可
再
生
的
资
源

高粱秸秆

被子、桌子、椅子、纸、沼气、塑料、地板、轮胎、陶瓷等都是有机物。有机物大部分都有不溶于水、不耐热、熔点低、可燃烧、分子大等特点。所以我们一定要注意小心用火，因为一不小心就会烧光你周围的一切！当然，可燃也有好处，正好可以当燃料，用来发电呀！生物质这种有机物就可以通过燃烧来利用它的生物质能。

这样来看，能够生成有机物的光合作用意义是非常重大的。光合作用为包括人类在内的几乎所有生物的生存提供了物质来源和能量来源。据估计，地球上的绿色植物每年大约制造四五千亿吨有机物，这远远超过了地球上每年工业产品的总产量。所以，人们把地球上的绿色植物比作庞大的"绿色工厂"，绿色植物的生存离不开自身通过光合作用制造的有机物。人类和动物的食物也都直接或间接地来自光合作用制造的有机物。从能量的角度，地球上几乎所有的生物都是直接或间接利用通过光合作用储存在有机物中的化学能来作为生命活动的能源的。煤炭、石油、天然气等化石燃料中所含有的能量归根结底都是古代的绿色植物通过光合作用储存起来的。所以，我们要充分利用各种形式的有机物，讲到这里我们就能很容易明白下面要讲的生物质能了。

三、生物质能的价值

绿金——生物质能源

我们把由光合作用而产生的各种有机体称作生物质，它包括各种植物、动物的排泄物、垃圾及有机废水等。其实，生物质就是直接或间接的有机物组成体，像我们身边的树木、草、农作物，以及纸浆废物、造纸黑液、酒精发酵残渣等工业有机废弃物，还有厨房垃圾、纸屑等一般城市垃圾都是蕴涵丰富能量的生物质。

之前，以石油、煤炭为代表的传统化石能源一直以来占据了主要的能源舞台。由于它极度的重要性和宝贵性，通常把这些黑乎乎的东西称为"黑金"，但"黑金"将逐渐枯竭。相对"黑金"而言，把生物质能叫作"绿金"，这充分体现了生物质能源在新能源中的重要地位。

据统计，世界上约有25万种生物，而就植物的光合作用来说，每年植物因光合作用而储存的太阳能达$3 \times 1021J$，这个数值相当于全世界每年消耗能量的10倍。显而易见，地球上有十分丰富的生物质能源。

由于生物质中有机物有可燃烧的特点，从古至今，燃烧是将生物质能转换成热能的主要形式。与化石燃料相比，生物质燃料有燃烧清洁、污染小、可再生等优点。另外，生物质也可以经工艺把有机物提取出来制作成有机燃料，如甲醇、生物柴油等。这些有机燃料是优质便携的清洁燃料，也是目前缓解燃油危机的研究方向。

不可再生的资源

生物质能转化利用途径主要包括燃烧、热化学法、生化法、化学法和物理化学法等。

生物质发电

生物质能如何转换成电能呢？生物质发电主要是利用农业、林业和工业以及城市垃圾等废弃的生物质为原料，采取直接燃烧或气化来发电。自20世纪年代石油危机以来，生物质能的开发利用受到了各国关注。

秸秆直燃发电

直燃发电是通过高效率的锅炉技术直接燃烧农作物秸秆、林木废弃物等可燃生物质来推动汽轮机进行发电。

在农村，有很多农民处理废弃秸秆的方式就是点一把火把它烧掉，结果产生了大量的烟尘。而这种颗粒排放物对人体的健康有影响，而且秸秆中大量的水分，在燃烧过程中以水蒸气的形式带走大量的热能，使燃烧效率相当低，使得能量被浪费。所以，真正的直燃发电在燃烧技术上是有讲究的，除了一方面对秸秆等生物质进行成型处理外，还对燃烧锅炉有一定的技术要求。

美国、日本以及西欧许多国家，如芬兰、比利时、法国、德国、意大利等国家很早就开始了压缩成型技术及燃烧技术的研究，各国根据本国的生物质结构特点先后有了各类成型机及配套的燃烧设备。但国产成型加工设备在引进及设计制造过程中，都不同程度地存在技术和工艺上的问题，有待深入研究。

清洁的生物质气化发电

气化发电就是把生物质秸秆通过机械装置转化为可燃气体，再燃烧可燃气体来推动发电设备发电。

由于把生物质内的可燃成分转换成了气体，相当于改变了燃料的形态，并提纯了燃料，这就好比烧木材和烧天然气一样，使用气体燃烧对设备的要求降低而燃烧效率并未降低。所以生物质气化发电是生物质最有效、最洁净的利用方法之一。

从发电效率来看，秸秆直燃发电效率在30%～40%，而气化发电效率达到50%～60%，且燃烧清洁。与下文将要讲到的秸秆发酵沼气发电来比较，沼气发电受气候以及设备的限制，无法大型化、工厂化连续生产发电。因此，研究开发经济上可行、效率较高的生物质气化发电系统是我们这个农业大国有效利用生物质的关键。

四、变废为宝——沼气的利用

了解沼气

沼气是有机物质在一定的温度、湿度、酸度条件下，隔绝空气，经微生物作用而产生的可燃性气体。沼气技术主要用于处理畜禽粪便和高浓度工业有机废水，所以在生物质能源丰富而其他能源短缺的农村和大型工业生产中运用十分广泛。

沼气是气体的混合物，其中含甲烷60%～70%，此外还含有二氧化碳、硫化氢、氮气和一氧化碳等。它含有少量硫化氢，所以略带臭味。沼气可以代替煤炭、薪柴用来煮饭、烧水，代替煤油用来点灯照明，还可以代替汽油开动内燃机以及发电等等，因此，沼气是一种值得开发的能源。

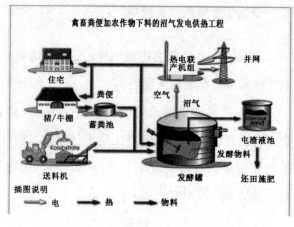

沼气利用

不可小看的"沼气发电"

沼气发电是利用燃烧沼气来发电。农村以小型沼气发电为主，大型工业根据自己的工业生产具体境况而定。沼气发电可以变废为宝、减少温室气体的排放、减小环境污染、为农村地区能源利用开辟新途径。

2008年1月18日，蒙牛乳业集团的蒙牛生物质能沼气发电厂正式投入运行。据了解，蒙牛澳亚国际牧场当时存栏奶牛10000头，建成的沼气发电厂可实现日处理牛粪280吨、牛尿54吨和冲洗水360吨。该项目可日生产沼气1.2万立方米，日发电3万千瓦时，每年生产有机肥约20万吨。此项目投入运行后每年可向国家电网提供1000万千瓦时的电力。

现在很多工厂，主要是酒精厂、造纸厂、淀粉厂等的高浓有机污水在处理过程中都能产生大量的沼气，如果把这些沼气资源用来发电不仅可以把甲烷转化为二氧化碳排放掉，还能带来很大的经济收益，如：四川荣县用酒糟废水经厌氧消化产生沼气发电，沼电能够基本满足该厂的生产用电；山东昌乐酒厂安装2台沼气发电机组，全年节约能源开支29万元，工程运行一年收回全部成本。

五、燃料乙醇和生物柴油

生物燃料是指由生物质经工艺提取的可燃的固体、液体或气体，现在应用最广泛的是生物燃料乙醇和生物柴油。现在我们的汽车都是利用烧油和烧气来提供动力，但是化石能源逐渐枯竭，生物燃料被认为是有效的替代燃料之一。

生物燃料乙醇

乙醇就是酒精，可用玉米、甘蔗、小麦、薯类、糖蜜等富含淀粉或纤维素的原料，经发酵、蒸馏而制成。酒精可分为工业酒精、食用酒精及医用酒精。工业用酒精约含乙醇96%，医用酒精含有75%的乙醇。含乙醇99.5%以上的酒精叫做无水酒精。燃料乙醇是通过对乙醇进一步脱水再加上适量变性剂而制成的。经适当调和，燃料乙醇可以制成乙醇汽油、乙醇柴油、乙醇润滑油等用途广泛的工业燃料。

那么生物乙醇作为燃料有什么优点呢？生物燃料乙醇在燃烧过程中所排放的二氧化碳和含硫气体均低于汽油燃料所产生的对应排放物，使用含10%燃料乙醇的乙醇汽油，可使汽车尾气中一氧化碳排放量下降30%，二氧化碳的排放减少3.9%。此外，燃料乙醇燃烧所排放的二氧化碳和作为原料的生物源生长所消耗的二氧化碳在数量上基本持平，这对减少大气污染

环保进行时丛书
HUANBAO JINXING SHI CONGSHU

乙醇即酒精

及抑制"温室效应"意义重大。其实早在20世纪初，乙醇就开始作为车用燃料，但后因石油的大规模、低成本开采而中断。目前，能源危机又再次把它推上了时代的议程。不容置疑，汽车业是生物燃料发展最大的受益者。

关于生物燃料乙醇我们还得讲讲粮食安全的问题。近年来全球粮价上涨，这让人们很自然地想到了靠粮食打主力的生物乙醇等燃料的生产，甚至有人认为，美国对于玉米乙醇的大力发展是造成目前全球粮食价格高涨的主要因素。人也要粮食，车也要粮食，这场被认为"人车争食"的斗争正在展开。

当然，各国对燃料乙醇的发展各持己见，各有侧重。美国前总统布什曾在一次演讲中称，他认为以15%的粮食价格上涨来换取生物燃料作为替代能源的长足进步是值得的，他鼓励玉米乙醇工业进一步扩大规模。此外其他各国都倾向于使用纤维素作为生物燃料的原材料，而不是把注意力全部集中在玉米和大豆上。新西兰尝试使用类似松树这些软木材作为生产乙醇燃料的原材料；加拿大、印度已经把发展纤维素乙醇作为主导方向；日本主要是利用微生物及不适合人类食用的植物生产乙醇。而我国生物乙醇主要原料为陈化粮和非粮食植物，基本上没有带来太大的困惑。不过，无论如何我们都应该未雨绸缪，用发展的眼光、科学的态度，结合自己的国情来开展新能源的开发和利用。

生物柴油

生物柴油是指以油料作物、野生油料植物和工程微藻等水生植物油脂以及动物油脂、餐饮垃圾油等为原料油通过工艺制成的可代替石化柴油的再生性柴油燃料。

柴油是许多大型车辆如公共汽车、内燃机车及农用汽车，如拖拉机及发电机等的主要动力燃料，其具有动力大，价格便宜的优点。但柴油燃烧会"冒黑烟"，我们经常在马路上看到冒黑烟的卡车。冒黑烟主要是因为柴油燃烧不完全，产生大量的颗粒粉尘，二氧化碳排放量高，对空气污染严重。

生物柴油在运输、储存、使用方面都很安全，而且生物柴油硫含量低，二氧化硫和硫化物的排放量低，所以生物柴油是一种优质清洁柴油。

在国外，生物柴油根据含量不同有不同的分类，如100%生物柴油、生物柴油与石油柴油等。国外同时制定了不同的柴油标准，如标准为B2、B5、B10、B20和B30的 柴油。

关于生物柴油标准，它不仅包括如生物柴油的不同混比产品的标准，还包括氧化安定性的标准，生物柴油抗氧化添加剂的标准，生物柴油原料储存标准，油料作物采集、干燥、储存、榨油标准，隔油池垃圾的收集、运输、处理标准，生物柴油加工设备的设计规范和流程等一系列完备的标准体系。这些生物柴油标准的制定都为生物柴油的健康发展保驾护航。

由于我国一直没有自己完善的生物柴油标准，造成民营企业生产的生物柴油无法进入官方销售渠道。没有标准，生物柴油的质量处于混乱状态。许多人弄不清楚生物柴油的定义，有的甚至把地沟油和甲醇简单勾兑起来，有的把植物油直接混入柴油，结果使得柴油机积炭严重。2007年5月1日，由国家标准化委员会发布的B100生物柴油国家标准正式实施，这是我国生物柴油的第一个国家标准，以后将陆续制定其他的柴油标准。